ChatGPT 手册

初学者指南
与应用实战

刘韩 王子 潘剑峰◎编著

U0377286

人民邮电出版社
北京

图书在版编目（CIP）数据

ChatGPT手册：初学者指南与应用实战 / 刘韩，王子，潘剑峰编著. -- 北京：人民邮电出版社，2025.1
ISBN 978-7-115-64155-7

Ⅰ．①C… Ⅱ．①刘… ②王… ③潘… Ⅲ．①人工智能 Ⅳ．①TP18

中国国家版本馆CIP数据核字(2024)第070139号

内 容 提 要

本书理论联系实际，全面地介绍 ChatGPT 的主要应用场景，帮助读者掌握 ChatGPT 的使用方法和技巧。本书不仅讲述了 ChatGPT 在学习、写作、工作、生活方面的应用案例，还介绍了一个打造个人品牌的综合应用，内容实用，可操作性强。

本书适合希望了解 ChatGPT 的初学者阅读。

◆ 编　著　刘　韩　王　子　潘剑峰
　　责任编辑　赵祥妮
　　责任印制　陈　犇
◆ 人民邮电出版社出版发行　　北京市丰台区成寿寺路 11 号
　　邮编　100164　　电子邮件　315@ptpress.com.cn
　　网址　https://www.ptpress.com.cn
　　三河市中晟雅豪印务有限公司印刷
◆ 开本：880×1230　1/32
　　印张：7.125　　　　　　　　　2025 年 1 月第 1 版
　　字数：173 千字　　　　　　　2025 年 1 月河北第 1 次印刷

定价：49.90 元

读者服务热线：(010)81055410　印装质量热线：(010)81055316
反盗版热线：(010)81055315
广告经营许可证：京东市监广登字 20170147 号

目　录

第 1 章
ChatGPT 使用入门

1.1 提示的基础知识

1.1.1 提示的基本示例

根据简单的提示，ChatGPT 可以实现很多功能，但结果的质量取决于提示的设计。提示可以包含向 ChatGPT 传递的指令或问题的相关信息，也可以包含其他细节，如上下文或示例。可以使用这些元素更好地指导 ChatGPT，从而得到更好的结果。

提示有其标准的格式，它可以是一个问题，也可以是一条指令。例如，你可以问："你能告诉我你的名字吗？"或者你可以说："告诉我你的名字。"提示的格式可以根据任务的需求进行调整，以更适合特定的任务。

让我们从一个简单的提示的基本示例开始。

> Ⓐ 这首歌的名字是
>
> ⑥ 《绿光》
>
> 这首歌的名字是《绿光》。这是一首比较流行的歌曲。

正如你所看到的，在给定"这首歌的名字是"上下文的情况下，ChatGPT 输出了有意义的字符串。有时 ChatGPT 输出的结果可能与你想要完成的任务相去甚远或让你感到出乎意料。

这个基本示例也反映了提供更多上下文或具体指令来获得预期结果的必要性。

让我们试着稍微改进一下。

> Ⓐ　**完成这句话：**
>
> 　　**这首歌的名字是**
>
> ⑤　《绿光》，这是我最喜欢的歌曲。

这样效果是不是更好了呢？你告诉 ChatGPT 完成这句话，所以结果更符合你的预期，因为它完全按照你告诉它的（"完成这句话"）去做。设计最佳提示以指导 ChatGPT 执行任务就是所谓的提示工程。

上述示例展示了 ChatGPT 的能力。ChatGPT 能够执行各种高级任务，从文本摘要生成、翻译到数学推理和代码生成，甚至可以完成头脑风暴和商业分析等复杂任务。

1.1.2　提示的分类

我们一般会遇到两种特别的提示，一种是零样本提示（zero-shot prompt），另一种是少样本提示（few-shot prompt）。零样本提示就像在黑夜里的大海上寻找目标，你没有任何参考，只能依靠模型自身的知识和理解来寻找答案。而少样本提示就像拿着一盏手电筒，在黑夜里照亮前方的道路，它给 ChatGPT 一些示例，让 ChatGPT 通过学习这些示例，找到正确的答案。接下来，我们详细说明。

可以将最简单、最直接的提问方式格式化为问答（QA）格式，这也是许多 QA 数据集中标准的形式，其格式如下。

> Q：＜问题＞？
>
> A：

上面这样的提示也称零样本提示，即直接提示模型给出回答，而不提供任何关于希望它完成的任务的示例或演示。ChatGPT 确实有能力根据零样本提示生成结果，但结果的质量取决于任务的复杂性和 ChatGPT 自身的知识与理解。

除了上述标准格式外，还有一种更常用且有效的提示，即少样本提示，在提问时我们提供了示例或演示。少样本提示的 QA 格式如下。

Q：<问题>？

A：<答案>

Q：<问题>？

A：<答案>

Q：<问题>？

A：<答案>

Q：<问题>？

A：

需要注意的是，不必使用 QA 格式。提示的格式取决于具体的任务。例如，在执行一个简单的分类任务时，可以通过提供示例说明任务。

Ⓐ　这个苹果真好吃！// 正面

这个香蕉不好吃！// 负面

这部电影太棒了！// 正面

这部电视剧真糟糕！//

⑤　负面

少样本提示能够使 ChatGPT 根据示例完成任务。

以上关于提示的基础知识对我们有效利用 ChatGPT 完成各种任

务至关重要。通过精心设计的提示，我们可以让 ChatGPT 更好地完成各种任务，实现各种目标。

1.2　提示的高级写作技巧

如何写出优质又好用的提示？本节重点介绍通用的提示设计框架——CRISPE，以及可以生成各种优质提示的专家级提示生成器。

1.2.1　CRISPE

CRISPE 是 Matt Nigh 在 GitHub 上提出的提示设计框架，CRISPE 中字母的含义分别如下。

- CR：Capacity and Role（能力与角色），即希望 ChatGPT 具有什么能力、扮演什么角色。在提问时，需要明确希望 ChatGPT 扮演的角色，比如营养师、历史学家或科学家等。明确角色有助于提高 ChatGPT 回答的准确性和相关性。

- I：Insight（洞察），即对任务的背景信息和上下文的洞察。提供相关的背景信息和上下文对获得准确答案非常重要，比如给 ChatGPT 提供关于事件的时间、地点及人物等信息。

- S：Statement（陈述），即希望 ChatGPT 做什么。明确地告诉 ChatGPT 希望它做什么，比如回答一个问题、解释一个概念或提供一条建议等。

- P：Personality（个性），即希望 ChatGPT 以什么风格或方式（如幽默、正式或亲切等）回答。

- E：Experiment（实验），即要求 ChatGPT 提供多个答案，从而更全面地了解问题。

CRISPE 可以帮助用户更好地与 ChatGPT 互动，从而获得更加满意的答案。接下来，我们将通过一个案例加以说明。

用普通提示让 ChatGPT 生成蔬菜沙拉食谱。

> Ⓐ 请为我提供一份健康的蔬菜沙拉食谱。
>
> 🌀 当然，以下是一份健康的蔬菜沙拉食谱，供您参考。
>
> 蔬菜沙拉食谱
>
> 材料：
>
> - 生菜 100 克；
>
> - 樱桃番茄 10 颗；
>
> - 黄瓜 1 根；
>
> - 胡萝卜 1 根；
>
> - 红甜椒 1 个；
>
> - 牛油果 1 个；
>
> - 橄榄油 2 汤匙；
>
> - 柠檬汁 1 汤匙；
>
> - 盐适量；
>
> - 黑胡椒适量。
>
> 准备步骤。
>
> （1）洗净蔬菜：将生菜、樱桃番茄、黄瓜、胡萝卜和红甜椒清洗干净。
>
> （2）切割蔬菜：把生菜撕成适口大小，把樱桃番茄切半，把黄瓜和胡萝卜切片，把红甜椒切丝。
>
> （3）牛油果处理：把牛油果剖半去核，用勺子挖出果肉，并切成块状。
>
> （4）混合调料：在小碗中混合橄榄油、柠檬汁、盐和黑胡椒，搅拌均匀，得到沙拉酱。

（5）组合沙拉：将切好的蔬菜和牛油果放入大碗中，倒入沙拉酱，轻轻拌匀。

（6）上桌：将拌匀的沙拉摆入盘中，即可上桌享用。

此沙拉富含多种维生素和矿物质，色彩鲜艳，口感丰富，适合作为轻食或配餐食用，有助于维持身体健康。

健康提示：根据个人口味，还可以加入一些坚果或种子提升口感和增加营养；同时，选择新鲜、无农药残留的蔬菜最理想。

祝您用餐愉快！

用基于 CRISPE 的提示让 ChatGPT 生成蔬菜沙拉食谱。

Ⓐ　CR：亲爱的 ChatGPT，请扮演一位营养师。

I：我想制作一款美味的蔬菜沙拉，要既美味又健康。

S：请提供一份健康的蔬菜沙拉食谱。

P：以简洁明了的方式回答。

E：请提供两种不同的调味方案。

　　当然，以下是我为您准备的健康蔬菜沙拉食谱，附带两种不同的调味方案。

蔬菜沙拉食谱

材料：

- 生菜 100 克；

- 樱桃番茄 10 颗；

- 黄瓜 1 根；

- 胡萝卜 1 根；

- 红甜椒 1 个；

- 牛油果 1 个。

调味方案 1：柠檬橄榄油酱。

- 橄榄油 2 汤匙；

- 柠檬汁 1 汤匙；

- 盐适量；

- 黑胡椒适量。

调味方案 2：酸奶芥末酱。

- 低脂酸奶 2 汤匙；

- 芥末酱 1 茶匙；

- 蜂蜜 1 茶匙；

- 盐适量；

- 黑胡椒适量。

准备步骤。

（1）洗净蔬菜：将所有蔬菜清洗干净。

（2）切割蔬菜：把生菜撕成适口大小，把其余蔬菜按照喜好切割。

（3）混合调料：选择其中一种调味方案，混合所有调料，搅拌均匀。

（4）拌匀沙拉：将蔬菜放入大碗中，倒入调味酱，轻轻拌匀。

（5）上桌：将拌匀的沙拉摆入盘中，即可享用。

这两种调味方案都非常美味且健康。方案 1 的柠檬橄榄油酱酸酸的，口感清新，方案 2 的酸奶芥末酱则带有浓郁的香气和微辣的味道，您可以根据个人口味选择适合自己的调味方案。

祝您制作愉快，用餐美满！

再来看两个案例，请你看完后自己动手设计一个提示，并通过和 ChatGPT 互动把它调到最优。

假设你想了解巴黎圣母院的历史，使用 CRISPE 进行提问的示例如下。

> CR：亲爱的 ChatGPT，我希望你扮演一位历史学家。
> I：巴黎圣母院是一座位于法国巴黎市中心的著名教堂，有着悠久的历史。
> S：请给我讲讲巴黎圣母院的历史。
> P：请用生动有趣的方式回答。
> E：请提供两个不同的历史事件。

假设你想获得关于时间管理的一些建议，可以这样提问。

> CR：亲爱的 ChatGPT，请扮演一位时间管理专家。
> I：我发现自己在工作和生活中难以平衡时间，导致效率低下。
> S：请给我一些建议来改善我的时间管理。
> P：请以鼓舞人心的方式回答。
> E：请提供两条实用的建议。

这两个案例展示了如何利用 CRISPE 设计提示，以获得清晰、准确且实用的回答，现在该你动手设计提示了！

1.2.2　专家级提示生成器

下面这段内容是一个专家级提示生成器模板，它本身也是一个提示，用它与 ChatGPT 互动，可以生成优质的提示。当然，生成的提示可以用 CRISPE 继续优化。

我希望你成为我的专家级提示生成器。你的目标是帮助我根据我的需求创建最佳的提示。你提供的提示应该是从我向 ChatGPT 提出请求的角度来写的。在创建提示时，请考虑这个提示将会被输入 GPT-4 或 ChatGPT 的界面中。流程如下。

你需要生成以下部分。

提示：{根据我的要求提供最佳的提示}

评价：{提供一个简洁的段落，告诉我如何改进提示。请在回答中尽量挑剔}

问题：{提出与我需要提供的额外信息相关的问题（最多3个）以改进提示。如果提示需要在某些方面进行澄清或详细说明，请提问以获得更多的信息，以便将其纳入提示}

我会回答你的问题，然后你将按照相同的格式将我的回答纳入下一次回复中。我们将不断重复这一过程，我向你提供额外的信息，你更新提示，直到提示完善。请记住，我们正在创建的提示应该是从我向 ChatGPT 提出请求的角度来写的。

请仔细思考并发挥你的想象力，为我创建一个令人惊艳的提示。你的第一次回复应该只是向我问候，并询问提示是关于什么的。

下面是一次使用这个专家级提示生成器的过程，请体会与 ChatGPT 共创的乐趣。

Ⓐ　我希望你成为我的专家级提示生成器。你的目标是帮助我根据我的需求创建最佳的提示。你提供的提示应该是从我

向 ChatGPT 提出请求的角度来写的。在创建提示时，请考虑这个提示将会被输入 GPT-4 的界面中。流程如下。

你需要生成以下部分。

提示：{根据我的要求提供最佳的提示}

评价：{提供一个简洁的段落，告诉我如何改进提示。请在回答中尽量挑剔}

问题：{提出与我需要提供的额外信息相关的问题（最多3个）以改进提示。如果提示需要在某些方面进行澄清或详细说明，请提问以获得更多的信息，以便将其纳入提示}

我会回答你的问题，然后你将按照相同的格式将我的回答纳入下一次回复中。我们将不断重复这一过程，我向你提供额外的信息，你更新提示，直到提示完善。请记住，我们正在创建的提示应该是从我向 ChatGPT（GPT-4）提出请求的角度来写的。

请仔细思考并发挥你的想象力，为我创造一个令人惊艳的提示。你的第一次回复应该只是向我问候，并询问提示是关于什么的。

🌀 您好！欢迎使用我们的专家级提示生成器。请告诉我您希望创建的提示是关于什么主题的。这样我才能为您提供最适合您需求的提示。

Ⓐ 我想写一本关于 ChatGPT 的书，希望这本书可以帮助读者更好地使用 ChatGPT（GPT-4），更高效地工作，变得更有创造力，更健康、快乐地生活，并获得更多的财富和幸福感。

🌀 了解您的需求后，我为您生成了以下提示。

提示：{请为我提供一些建议和策略，以便我在编写一本关于 ChatGPT（GPT-4）的书时，可以帮助读者更好地利用 ChatGPT 提高工作效率、创造力，以及更健康、快乐地生活，从而获得更多的财富和幸福感。}

评价：该提示已经涵盖了您希望在书中讨论的主题，但可以更具体地描述您希望 ChatGPT 提供的建议类型。例如，您可能希望添加有关如何将 ChatGPT 应用于特定行业，或者如何使用 ChatGPT 优化生活的某些方面的信息。

问题：

您是否有特定的行业或工作场景，希望在书中重点介绍如何应用 ChatGPT？

您是否希望聚焦于使用 ChatGPT 改善生活的某些特定的方面，例如健康、人际关系或个人财务管理？

您是否有关于 ChatGPT 的任何独特功能或应用，希望在书中特别强调？

Ⓐ 针对你的几个问题，我的回答如下。

（1）希望这本书可以适合各行各业的读者，场景包括日常工作、创意工作、重要决策、健康饮食与锻炼等。

（2）希望提到的方面主要是 ChatGPT 能够发挥重要作用的领域，也许包括写作、创意、健康、个人财富增长、人际关系等。

（3）希望包含 ChatGPT 最有用的一些独特功能，如写作、翻译、编程、头脑风暴、角色扮演等。

Ⓖ 非常感谢您提供的信息，根据您的回答，我为您生成了以下更新后的提示。

提示：{请为我提供一些建议和策略，以便我在编写一本关于 ChatGPT 的书时，可以帮助各行各业的读者更好地利用 ChatGPT 提高工作效率、创造力。请包括日常工作、创意工作、重要决策、健康饮食与锻炼等场景。同时，请关注如何运用 ChatGPT 改善写作、创意、健康、个人财富增长和人际关系等方面，并强调 ChatGPT 的一些独特功能，如写作、翻译、编程、头脑风暴和角色扮演等。}

评价：现在的提示更具体地涵盖了您希望在书中讨论的主题和 ChatGPT 的应用场景。然而，您可以进一步细化您希望 ChatGPT 提供的具体策略，例如个人财富增长方面的投资建议或者健康方面的锻炼和饮食计划。

问题：

（1）在个人财富增长方面，您是否希望 ChatGPT 提供特定的投资策略或理财方法？

（2）在健康饮食与锻炼方面，您是否希望 ChatGPT 为读者提供定制的计划？

（3）您是否希望在书中讨论 ChatGPT 在特定领域的未来发展趋势和潜力？

Ⓐ 问题回答。（1）是　（2）是　（3）否

Ⓢ 感谢您的回答，根据您的反馈，我为您生成了以下更新后的提示。

提示：{请为我提供一些建议和策略，以便我在编写一本关于 ChatGPT（GPT-4）的书时，可以帮助各行各业的读者更好地利用 ChatGPT（GPT-4）提高工作效率、创造力。

请包括日常工作、创意工作、重要决策、健康饮食与锻炼等场景。同时，请关注如何运用 ChatGPT 改善写作、创意、健康、个人财富增长和人际关系等方面，并强调 ChatGPT 的一些独特功能，如写作、翻译、编程、头脑风暴和角色扮演等。此外，探讨 ChatGPT 在个人财富增长方面的特定投资策略和理财方法，以及为读者提供定制的健康饮食与锻炼计划。}

评价：这个提示已经详细地涵盖了您希望在书中讨论的主题，包括各行各业的应用场景、生活的某些方面和 ChatGPT 的独特功能。同时，根据您的要求，提示还包括了关于个人财富增长的投资策略和理财方法，以及定制的健康饮食与锻炼计划。这将有助于您编写一本内容丰富、实用性强的关于 ChatGPT 的书。

问题：暂无。

如果您对这个提示感到满意，我们可以结束此次交流。如有其他问题或需求，请随时告诉我。祝您写作顺利！

　　只有掌握提示的格式和写作要点，学会使用 CRISPE 以及专家级提示生成器等，准确传达关键信息和表达情感，并加以不断练习，我们就能写出有用的提示，进而增强使用 ChatGPT 解决问题的能力。

1.3　ChatGPT 插件

　　2023 年 5 月，OpenAI 开始向所有 ChatGPT Plus 用户提供联网功能和 80 多个第三方插件。这些第三方插件覆盖衣食住行、社交、工作以及学习等场景，进一步增强了 GPT-4 的通用能力。

1.3.1　安装和使用插件

目前只有 ChatGPT Plus 用户才能使用插件，且只有在 GPT-4 下才可用。在开始一个新对话时，GPT-4 提供了 3 种模式，即 Default（默认）模式、Browsing（浏览）模式、Plugins（插件）模式，如图 1.1 所示。

图 1.1

如果选择"Plugins"，界面中会显示已激活的插件，可以通过单击查看已安装和已激活的插件，如图 1.2 所示。

图 1.2

　　进入插件列表界面，可以看到所有已安装的插件，勾选的是当前已激活的插件，如图 1.3 所示。目前 ChatGPT 中最多只能同时激活 3 个插件，开始一个对话之后，在对话过程中不能调整激活的插件，所以应在开始对话前确定需要激活的插件。

图 1.3

　　插件列表可以上下滑动，滑动到最下方会出现"Plugin store"按钮，如图 1.4 所示。单击"Plugin store"按钮即可进入"Plugin store"界面，以选择并安装自己需要的插件。

图 1.4

选择需要安装的插件后，单击"Install"按钮进行安装，如图 1.5 所示，然后回到插件列表界面并将其激活，就可以在对话中使用了。

图 1.5

1.3.2　ChatGPT 插件应用示例

如果要熟练使用 ChatGPT 插件，需要花时间慢慢探索。为了便于理解与查找，我们可以将 ChatGPT 插件分成教育、生活、工作、工具 4 类。当然，许多插件的用途涵盖多方面，可以跨类别使用。例如，列入教育类的 Wolfram 插件不仅可以解方程、求微积分，还可以在工作中广泛使用。

以下工具类插件旨在增强 ChatGPT 的功能和提升 ChatGPT 的使用体验。

● 自定义提词器：可以帮助用户更轻松地构建特定领域或场景的对话，有助于加快开发速度和提高工作效率。

● 分析和可视化工具：能够分析 ChatGPT 输出的内容，如进行情感分析、关键词提取等，或者以图表形式将聊天历史和统计数据可视化。

- 集成接口：可使 ChatGPT 更方便地与其他软件或平台（如客户关系管理系统、社交媒体等）集成。

- 安全与合规插件：确保 ChatGPT 在符合各种法规和标准的前提下运作，具有数据加密、隐私保护等功能。

- 语言和翻译工具：增强 ChatGPT 的多语言支持和翻译能力，以适应全球化的需求。

- 特定行业解决方案：针对特定行业或场景（如医疗、教育、客服等）的插件，提供专业化的解决方案。

这里仅介绍 AskYourPDF 插件的功能和用法，用户可选择适合自己需求的插件并上手操作。

借助 AskYourPDF（读取 PDF 文件内容）插件，ChatGPT 可以深入理解 PDF 文件，并根据要求输出关于 PDF 文件的内容。使用示例如下。

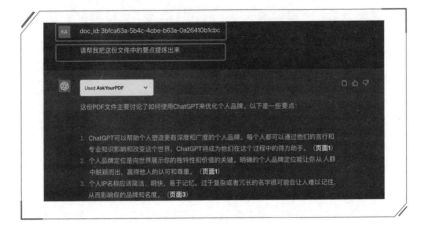

第2章
学习助手

2.1 知识学习

如果你能发挥它的天赋，ChatGPT 就是一个得力的学习助手。利用 ChatGPT 辅助学习的基本模型如图 2.1 所示。

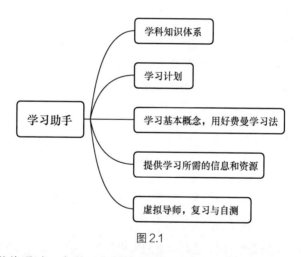

图 2.1

本节将通过一个学习中国地理知识的案例对这一模型进行说明。

2.1.1 建立学科知识体系

在开始学习具体内容之前，建议对学科知识进行整体性的了解，最好能建立起知识网络，并实现新知识和已有知识的链接。这种链接有利于我们产生新的灵感，并能使我们更加方便和高效地提取知识。对于所有学科，ChatGPT 几乎都可以给出总结性的介绍。

1. 学科核心内容总结

如果你想用 ChatGPT 辅助完成中国地理知识的学习，可以使用下面的提示。

> Ⓐ 你是精通中国地理的地理学家，请帮我简要介绍中国地理的核心内容。
>
> ⊛ 中国的地理环境复杂多样，拥有多种自然景观。以下是中国地理的一些核心内容。
> - 地形：中国的地形多样，从东部的沿海平原……
> - 气候：中国的气候类型也非常多样……
> - 河流和湖泊：……
> - 自然资源：中国拥有丰富的自然资源……
> - 生物多样性：由于地理环境和气候的多样性，生物多样性非常丰富……
> - 人口和城市：……
>
> 以上就是中国地理的一些核心内容，希望对你有所帮助。

同理，如果你想系统学习化学、物理、历史等学科的知识，可以用以下提示来提高学习效率。

（1）你是精通中国／世界历史的历史学家，请帮我简要介绍中国／世界历史的核心内容。

（2）你是精通物理的物理学家，请帮我简要介绍 ×× 物理（高中物理／量子物理等）的核心内容。

（3）你是精通化学的化学家，请帮我简要介绍 ×× 化学（高中化学／化学元素等）的核心内容。

2. 局部知识细化

通过 ChatGPT 把学科的核心内容梳理出来后，如果对其中的一些关键词理解得不够透彻，我们可以让 ChatGPT 进一步补充讲解。

> Ⓐ 你是精通中国地理的地理学家，请帮我继续解释【河流和湖泊】，用通俗易懂的话描述，让零基础的读者都能听懂。
>
> ⑤ 当然，我很乐意帮助你理解河流和湖泊的概念。
>
> **河流**：地球表面的水流，它们从高地流向低地，通常最终流入海洋或湖泊……
>
> **湖泊**：地球表面的内陆水体，它们通常位于地势较低的地方，由降水、河流、地下水等供水。湖泊的水量会随着季节和气候的变化而变化，有的湖泊可能会干涸，有的湖泊可能会扩大……
>
> 简单来说，你可以把河流想象成地球的血管，它们将水从一个地方输送到另一个地方，同时携带着土壤和营养。而湖泊则像是地球的水库，它们储存了大量的水，为人类和其他生物提供了生存所需的水资源。

同理，我们可以让 ChatGPT 对上文中提到的其他关键词进行解释，以加深理解。

（1）你是精通中国地理的地理学家，请帮我继续解释【地形】，用通俗易懂的话描述，让零基础的读者都能听懂。

（2）你是精通中国地理的地理学家，请帮我继续解释【气候】，用通俗易懂的话描述，让零基础的读者都能听懂。

（3）你是精通中国地理的地理学家，请帮我继续解释【自然资源】，用通俗易懂的话描述，让零基础的读者都能听懂。

3. 用表格呈现内容

ChatGPT 给出的解释中蕴含的信息很多，不方便记忆，因而我们可以继续让 ChatGPT 概括其中的关键信息，并用表格的形式来呈现（当然，也可以用结构图来呈现）。

> Ⓐ 你是精通中国地理的地理学家，请帮我将上面的地理知识概括成关键词，并用表格的形式呈现。

2.1.2 制订学习计划

开始学习前，制订一个学习计划不仅可以让学习目标更加明确，还能获得一步一步完成目标的成就感。ChatGPT 可以根据我们的学习目标和可投入的时间帮助制订学习计划。

1. 直接制订计划（不明确身份）

在制订计划的时候，刚入门的用户往往会直接让 ChatGPT 给出一个答案，而这样获得的答案通常和想要的答案天差地别，为什么呢？我们一起通过具体的案例来体会。

首先，直接让 ChatGPT 制订学习计划。

> Ⓐ 请帮我制订一个学习中国地理的计划。
>
> ⑨ 当然，我可以帮助你制订一个学习中国地理的计划。这个计划将包括以下几个部分。
>
> - 学习中国的基本地理信息，包括地理位置、面积、邻国、主要城市、主要河流和山脉等。
> - 学习中国的地理分区，包括东部沿海地区、中部地区、西部地区，以及它们的特点和差异。

- 学习中国的主要自然资源，包括矿产资源、水资源、土地资源等。
- 学习中国的主要气候类型，以及环境问题，如污染、水资源短缺等。
- 学习中国的人口分布、城镇化进程，以及主要城市的地理特点。
- 学习中国的历史地理，包括古代的地理分布、历史上的重要城市和地区等。
- 通过观看地理纪录片，阅读地理书籍，甚至实地考察，加深对中国地理的理解。

每个部分都可以根据你的时间和兴趣进行调整。你可以选择每天学习一部分，也可以选择每周专注于一个主题。希望这个计划对你有所帮助！

怎么样？当你看完这个答案后，是不是觉得内容很全？但是你可能也会发现，这个答案仅仅是一个框架结构，根本不能实施。怎么办呢？

2. 制订计划（明确身份）

我们继续优化，给 ChatGPT 加一个身份，让 ChatGPT 扮演一位地理学家和学习规划管理专家，再制订一个学习计划。

Ⓐ 你是地理学家和学习规划管理专家，请帮我制订一个学习中国地理的计划。

🅖 当然可以，以下是一个详细的中国地理学习计划。这个计划分为 8 个阶段，每个阶段都有特定的主题和学习目标。

阶段一：学习基础知识。

- 学习目标：了解中国的基本地理信息，包括地理位置、面积、邻国、主要城市、主要河流和山脉等。
- 学习资源：地理教科书、地图、互联网资源。
- 学习活动：阅读、制作地图、写摘要。

阶段二：学习地理分区。

- 学习目标：了解中国的地理分区，包括东部沿海地区、中部地区、西部地区，以及它们的特点和差异。
- 学习资源：地理教科书、地图、互联网资源。
- 学习活动：阅读、制作地图、写摘要。

阶段三：学习自然资源。

- 学习目标：了解中国的主要自然资源，包括矿产资源、水资源、土地资源等。
- 学习资源：地理教科书、互联网资源。
- 学习活动：阅读、制作图表、写摘要。

阶段四：学习气候和环境。

- 学习目标：了解中国的主要气候类型，以及环境问题，如污染、水资源短缺等。
- 学习资源：地理教科书、互联网资源。
- 学习活动：阅读、制作图表、写摘要。

阶段五：学习人口和城市。

- 学习目标：了解中国的人口分布，以及主要城市的地理特点。
- 学习资源：地理教科书、互联网资源。
- 学习活动：阅读、制作图表、写摘要。

阶段六：学习历史地理。

- 学习目标：了解中国的历史地理，包括古代的地理分布、历史上的重要城市和地区等。
- 学习资源：地理教科书、历史书籍、互联网资源。
- 学习活动：阅读、制作时间线、写摘要。

阶段七：参加实践活动。

- 学习目标：通过观看地理纪录片，阅读地理书籍，甚至实地考察，加深对中国地理的理解。
- 学习资源：地理纪录片、地理书籍。
- 学习活动：观看地理纪录片、阅读地理书籍、实地考察。

阶段八：复习和总结。

- 学习目标：复习所学内容，总结学习成果，准备任何可能的考试或项目。
- 学习资源：所有之前的学习资源。
- 学习活动：复习，总结，准备考试或项目。

每个阶段的时间长度可以根据你的需要进行调整。希望这个学习计划对你有所帮助！

在这样的提问方式下，ChatGPT 给的答案是不是更详细、更具有参考意义了呢？但还没办法实施。

3. 细化学习计划（补充信息）

继续提供更具体的要求和信息，让 ChatGPT 帮我们制订一个整体的学习计划，具体如下。

Ⓐ 你是地理学家和学习规划管理专家，我希望在一个月内每周花 4 小时学习中国地理，目的是掌握基础知识和学习一

些比较有趣的内容，请帮我制订一个学习计划。

当然，我很乐意帮助你制订一个学习中国地理的计划。以下是一个每周 4 小时、持续一个月的学习计划。

第一周：学习中国地理的基础知识。

- 第一次学习（2 小时）：了解中国的基本地理情况，包括地理位置、面积、邻国等基本信息；了解中国的主要地形特征，包括山脉、高原、平原、河流和湖泊等。

- 第二次学习（2 小时）：深入学习中国的地形特征，了解各种地形是如何形成的，它们对中国的气候、生态、人口分布等有何影响。

第二周：学习中国的气候和生态。

- 第一次学习（2 小时）：了解中国的气候类型，包括温带气候、热带气候、亚热带气候等，了解它们对中国的农业、生态、人口分布等有何影响。

- 第二次学习（2 小时）：了解中国的生态系统，包括森林、草原、湿地、沙漠等，了解这些生态系统的生物多样性，以及人类活动对这些生态系统的影响。

第三周：学习中国的自然资源和环境问题。

- 第一次学习（2 小时）：了解中国的主要自然资源，包括矿产资源、水资源、土地资源等，了解这些资源的分布和利用情况。

- 第二次学习（2 小时）：了解中国面临的主要环境问题，包括空气污染、水污染、土壤污染、生物多样性丧失等，了解中国在环境保护方面的政策和措施。

第四周：学习中国的人口和城市。

- 第一次学习（2 小时）：了解中国的人口分布，包括人口密度、人口迁移等，了解人口问题对中国的社会经济发展的影响。

- 第二次学习（2 小时）：了解中国的主要城市，包括北京、上海、广州、深圳等，了解这些城市的地理特征，以及它们在中国的经济、文化、科技等方面的地位。

在学习过程中，你可以通过阅读地理教科书、观看地理纪录片、浏览地理网站等方式获取信息。同时，你也可以通过做地理题目、写地理论文、参加地理讨论等方式检验和深化你的学习。希望这个学习计划对你有所帮助。

怎么样？现在的计划是不是更具参考性了？当然，我们还可以根据这个思路继续优化计划，比如细化到每个时段所学习的知识点，以及如何学习等。这里不再赘述，读者可以根据这个思路实践。

同理，如果你想让 ChatGPT 制订历史、化学、生物等学科的学习计划，可以用相同结构的提示。

（1）你是历史学家和学习规划管理专家，我希望在一个月内每周花 3 小时学习中国历史，目的是掌握基础知识和学习一些比较有趣的内容，请帮我制订一个学习计划。

（2）你是化学家和学习规划管理专家，我希望在一个月内每周花 5 小时学习化学，目的是掌握基础知识和学习一些比较有趣的内容，请帮我制订一个学习计划。

（3）你是生物学家和学习规划管理专家，我希望在一个月内每周花 7 小时学习生物，目的是掌握基础知识和学习一些比较有趣的内容，请帮我制订一个学习计划。

2.1.3 学习基本概念

对于所有学科的学习来说，理解和掌握基本概念都极其重要。在这方面，美国物理学家费曼提出的费曼学习法非常有效。在获得诺贝尔物理学奖的科学家中，费曼是个多才而有趣的人，被称为科学顽童。

费曼学习法的关键思想是通过知识的输出倒逼输入，通过对概念的讲述和反复优化，达到真正理解概念的本质的目的，并且借助大脑的输出过程，我们可以毫不费力地把概念牢牢记住。费曼学习法的思维导图如图 2.2 所示，它值得你反复研究和实践。

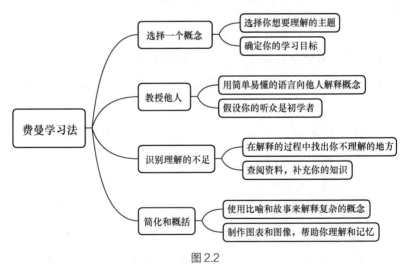

图 2.2

下面是通过 ChatGPT 学习湿地概念的过程，建议你从这个概念开始试试费曼学习法。

1. 选择一个概念

让 ChatGPT 以湿地的概念为主题，对其进行解释，探讨湿地在生态系统中扮演的关键角色。我们将研究湿地的生态功能，包括它对保护生物多样性的贡献，以及它在气候调节和洪水防控中的重要性。

> Ⓐ　你是地理学家，请向我解释湿地的概念，以及湿地与湖泊有什么区别。
>
> ⑨　湿地是指土地表面长期或季节性地积水的地区。地区可能包括沼泽、沼地、泥炭地和河口……
>
> 　湖泊则是被陆地包围的水体，通常是淡水。湖泊的形成有地质活动、气候变化、冰川活动或人类活动等多种原因。
>
> 　湿地和湖泊的主要区别在于它们的水深和水分饱和度……

同理，我们还可以让 ChatGPT 扮演其他角色。如果你想学习历史、生物、化学等学科，可以用相同结构的提示。

（1）你是生物学家，请向我解释达尔文进化论的概念，以及其他生物进化与人类进化有什么区别。

（2）你是物理学家，请向我解释爱因斯坦相对论的概念，以及时间与空间有什么区别。

（3）你是数学家，请向我解释幂函数的概念，以及三角函数和反三角函数有什么区别。

2. 教授他人

对于一些初学者来说，ChatGPT 给出的答案太过晦涩。如何让 ChatGPT 用通俗易懂的语言解释呢？

> Ⓐ　你是地理学家，我想让初学者也能轻松听懂，请你用通俗易懂的语言解释湿地的概念。
>
> ⑨　好的，我会尽量用更通俗易懂的语言解释。

湿地就像是大自然中的"海绵"，通常位于陆地和水之间，有时候也可能被水覆盖。在雨后的田野中，那种有许多积水和泥的地方，就是湿地。它们有很多种类型，比如沼泽地、湿草地等。在湿地里，你可能会发现一些特别喜欢水的生物，比如蛙或者特别的水生植物。

湖泊呢，就像一个大水坑，被陆地完全包围。和湿地不一样的是，湖泊里面全是水，通常比湿地深得多。可以想象一下去玩，你可能会划船、钓鱼或者看到鸭子在湖面上游泳。

所以，湿地和湖泊的主要区别就是，湿地像是有很多水的土地，而湖泊则是被陆地包围的大水坑。但是，它们都对环境非常重要，比如它们可以净化水质，为许多生物提供家园，以及帮助我们抵御洪水等。

3. 识别不易理解之处

在上面的信息中，依然有一些词不容易理解，我们可以让 ChatGPT 继续优化和解释文中不够清晰的关键词，比如"沼泽地"。

Ⓐ 你是地理学家，上面提到的"沼泽地"这个词不够易懂，请结合上述内容做详细解释。

⑨ 当然，我很乐意解释一下"沼泽地"这个词。

沼泽地是一种湿地类型，你可以把它想象成一个大型的自然浴缸。这个"浴缸"并不是我们常见的方形或圆形，而是可能有各种形状，而且有的地方深，有的地方浅。这个浴缸里充满了水和湿润的泥土。

……

同理，我们还可以让 ChatGPT 继续解释其他专业名词。

（1）你是地理学家，上面提到的"湖泊"这个词不够易懂，请结合上述内容做详细解释。

（2）你是生物学家，请结合上述内容对上面提到的沼泽地产生的原理加以说明。

（3）你是动物学家，请结合上述内容对上面提到的鳄鱼的生存环境加以说明。

4. 简化和概括

继续让 ChatGPT 优化上面的内容，将其简化和概括成直接明了的关键词，并用图表的方式呈现，便于阅读和理解。

> **A** 你是地理学家，请帮我对以上所有内容进行简化和概括，用比喻和具象的语言优化，并用表格的方式呈现。
>
> 好，以下是我用比喻和具象的语言将湿地、湖泊与沼泽地做比较的表格：

条目	比喻	水的情况	生物	特点
湿地	大海绵	有时候被水或湿润环境的动植物	有许多特别喜欢水或湿润环境的动植物	像海绵一样可以吸水，所以通常很湿
湖泊	大水池	全是水，通常比湿地深	有许多水生动植物，比如鱼和水生植物	由陆地完全包围，就像一个大水池
沼泽地	大浴缸	充满了水和湿润的泥土	有许多特别的植物，比如荷花和睡莲，还有一些喜欢湿润环境的动物	就像一个大浴缸，里面装满了水和泥土

这个表格可以帮助你更好地理解湿地、湖泊和沼泽地的区别与相似之处。

由此可见，借助 ChatGPT，我们的学习过程会变得更轻松简单。

现在，马上用费曼学习法开始学习吧。

2.1.4 提供学习所需的信息和资源

ChatGPT 可以帮助寻找学习所需的信息和资源，在学习过程中，可以随时利用 ChatGPT 解疑，理解关键的概念和数据。建议选择 GPT-4 的 Browsing 模式，这样可以得到比较准确的回答，让学习资源更新、更可靠。

> **A** 你是精通中国地理的地理学家，关于中国的气候和生态，你可以帮我找一些入门级的学习资源吗？
>
> 当然，以下是一些关于中国气候和生态的入门级学习资源。
>
> ……
>
> - 中国生态环境部官方网站：提供中国的生态环境信息和环保政策等内容。
>
> 4. 视频和纪录片：
>
> - "中国的气候"：这是一个 YouTube 系列视频，介绍了中国各地的气候特征。
>
> ……
>
> 请注意，使用以上资源可能需要具备一定的中文阅读和理解能力。如果你需要英文资源，我也可以帮你找到。

2.1.5 复习与自测

我们可以将 ChatGPT 打造成一个虚拟导师，利用它随时检验自己的学习情况。通过问答题、填空题等形式，ChatGPT 可以评估我们的学习情况。我们还可以根据自己的喜好，把 ChatGPT 设置为严厉或者温柔的导师。

Ⓐ　你是中国地理学家，关于中国的湖泊，请帮我出几道题，评估一下我在这方面的知识水平。

🌀　当然，以下是一些关于中国湖泊的问题，可以评估你在这方面的知识水平。

1. 中国最大的淡水湖是哪一个？
2. 位于青藏高原且被誉为"圣湖"的是哪个湖泊？
3. 中国最大的咸水湖是哪一个？
4. 中国的五大淡水湖指的是哪五个湖泊？
5. 位于江苏省且因盛产莲藕和鱼类而闻名的湖泊是哪一个？
6. 西湖位于中国的哪个城市？
7. 中国的哪个湖泊被誉为"天鹅之湖"？
8. 中国的哪个湖泊是世界上海拔最高的大湖？

请尝试回答这些问题，我会告诉你正确答案。

　　ChatGPT 的评估功能为人机沟通与人类学习带来了革命性的改变，它能够通过深度学习分析用户输入的内容，并给出合适的评估结果。这一功能在教育、培训、客户服务等领域具有较大的应用潜力，使人机交互的复杂性和细腻度更接近真实的人际交流。通过这样的功能，我们不仅能够获得实时反馈，还可以实现个人或组织的成长与提升。

　　如果你在回答问题时发现自己不了解某个知识点或对某个知识点掌握不到位，可以继续尝试让 ChatGPT 进行辅助讲解，如让 ChatGPT 讲解"中国最大的咸水湖是哪一个"。

Ⓐ　你是中国地理学家，请你继续帮我把"中国最大的咸水湖是哪一个"描述清楚，要求使用通俗易懂的语言重点描述美好的画面和风景。

好的，我非常乐意帮助您了解中国最大的咸水湖——青海湖。青海湖位于中国西北部，距离青海省省会西宁市大约 150 千米。它的名字来源于汉语中的"青色的海"，这个名字非常形象地描述了这个湖的美丽景色。

想象一下，你站在湖边，眼前是一片无尽的蔚蓝，仿佛天空落在了地面上。湖面上，你可以看到许多野鸭和天鹅在游弋，它们或悠闲地划过水面，或快乐地翻腾和戏水。湖水是咸的，但这并不妨碍湖中生活着丰富的鱼类。在湖边，你可以看到游人正在享受大自然的美。

湖边是一片广阔的草原，那里有藏族和蒙古族牧民的家园。在春夏季节，你会看到草原上满是绿草和野花，牛羊成群，白色的蒙古包点缀其间，这就像一幅美丽的田园画卷。

如果你想检验你在其他方面的知识水平或继续学习更多知识，可以使用以下提示。

（1）你是中国地理学家，关于中国的湖泊，请帮我出几道测试题，评估一下我在这方面的知识水平。

（2）你是历史学家，关于中国湖泊的历史文化，请按照年代帮我整理一份详细的历史学习资料。

（3）你是物理学家，请从物理的角度，分析湖泊诞生背后的物理现象，并帮我整理一份详细的物理学习资料。

2.2　Wolfram 插件

当涉及科学计算时，Wolfram 插件已经成为 ChatGPT 中一个无可替代的工具。它为科学家、工程师、教师、学生提供了一个强大而直观的平台。它的计算能力正好弥补了 ChatGPT 在计算方面的不足。

　　这个工具是如何诞生的呢？一切都始于斯蒂芬·沃尔弗拉姆
（Stephen Wolfram），一位杰出的物理学家、计算机科学家和企业
家。沃尔弗拉姆从小就是天才，15 岁发表首篇粒子物理方面的学术
论文；19 岁到加州理工学院研究基本粒子物理学，一年内获得理论
物理学博士学位。随后他深入研究了冯·诺依曼创立的元胞自动机
并取得了重大成就。他在 20 世纪 80 年代创立了 Wolfram Research
公司，并开发出了 Wolfram Mathematica，这是一种强大的符号计
算系统，被广泛应用于科学研究、工程设计、金融分析等领域。然
而，沃尔弗拉姆并没有止步于此。他的远见使他看到了将复杂的科
学计算工具的应用潜力。

　　于是，在 2009 年，WolframAlpha 诞生了，如图 2.3 所示。这
是一个基于知识的计算引擎，它可以理解输入的自然语言，并给出
详细的答案。无论你想解决一个复杂的微积分问题，还是想了解地
球和火星的质量比，甚至只想知道当前的天气，WolframAlpha 都能
给你提供准确而详细的答案。沃尔弗拉姆是史蒂夫·乔布斯的好友，
苹果手机的智能语音软件 Siri 的后台就调用了 WolframAlpha 的
功能。

图 2.3

Wolfram 插件就是将 Wolfram Alpha 的强大功能集成到 ChatGPT 中的工具。通过 Wolfram 插件，ChatGPT 可以在文档、电子表格，甚至是聊天应用中，直接调用 WolframAlpha 的计算能力。这意味着，我们可以在写作、教学、研究，甚至是日常对话中，直接获取和使用 WolframAlpha 的科学计算结果。

例如，在科普写作中，你可以直接调用 Wolfram 插件获取各个行星的数据；在教学中，可以直接用 Wolfram 插件演示复杂的数学公式的推导过程；在科研工作中，可以用 Wolfram 插件进行数据分析和模型建立；在和朋友的聊天中，可以用 Wolfram 插件解答各种科学问题。

总的来说，Wolfram 插件是一个强大而灵活的工具，它将科学计算的能力带到了我们的工作和日常生活中。

在 ChatGPT 中，为了使用 WolframAlpha 的计算能力，需要先激活 Wolfram 插件。在 ChatGPT 中添加并激活 Wolfram 插件的步骤如下。

（1）单击左下角账号，选择"Settings & Beta"，如图 2.4 所示。

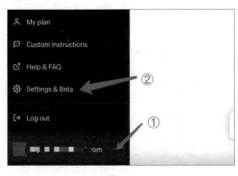

图 2.4

（2）单击"Plugins"按钮，使其处于打开状态，如图 2.5 所示。

图 2.5

（3）在弹出的界面中，选择"GPT-4"，如图 2.6 所示，选择"Plugins"选项。

图 2.6

（4）在"Plugin store"（插件中心）中，搜索并添加 Wolfram 插件，如图 2.7 所示。

图 2.7

（5）勾选 Wolfram 插件，如图 2.8 所示。

图 2.8

接下来，在新建的对话中，就可以调用 Wolfram 插件了。下面我们将通过一些案例展示 Wolfram 插件的强大功能，读者可选择感兴趣的案例进行尝试，并举一反三，应用 Wolfram 插件来寻找问题的答案。

2.2.1 在数学中的应用

本节介绍 Wolfram 插件在数学中的应用。

首先，使用 Wolfram 绘制函数图像。

Ⓐ 请用红线绘制心形函数 $x^2+(y-(x^2)^{(1/3)})^2=1$。

图 2.9 是 ChatGPT 生成的结果和绘制效果。

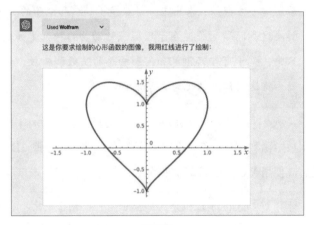

图 2.9

然后，使用 Wolfram 解数学题。

Ⓐ　请出一道鸡兔同笼的题目，并用 Wolfram 插件解方程，然后给出鸡兔同笼这类问题的讲解。

⑨　好的，这是一道经典的鸡兔同笼问题：

一个农场的笼子里有 30 个头和 74 只脚。笼子里有多少只鸡和多少只兔子？

我们可以用两个方程来表示这个问题：

设鸡的数量为 x，兔子的数量为 y，我们可以得到以下方程组：

$$\begin{cases} x + y = 30 \\ 2x + 4y = 74 \end{cases}$$

现在我们可以用 Wolfram 插件解这个方程组。

根据方程组的解，我们得知笼子里有 23 只鸡和 7 只兔子。

鸡兔同笼问题是一类经典的数学问题，它的基本思想是利用已知的条件（如头的数量和脚的数量）建立方程组，然后解这个方程组，求出未知的数量（如鸡和兔子的数量）。解决这类问题的关键在于理解每种动物的特征（如鸡有两只脚，兔子有 4 只脚）如何影响总的头数和脚数，然后正确地将这些信息转化为数学方程。

同理，我们可以用 Wolfram 插件解读医学知识、绘制家族关系图、绘制数学函数图像、绘制乐谱、绘制最佳路线、绘制 3D 图等。

最后，使用 Wolfram 计算微积分。

Ⓐ　计算 $x^2 \cos(2x)$ 的积分，并画出对应的图像。

⑤　$x^2 \cos(2x)$ 的积分为 $\dfrac{x \cos(2x)}{2} + \dfrac{(-1 + 2x^2)\sin(2x)}{4}$

这是这个函数的图像：

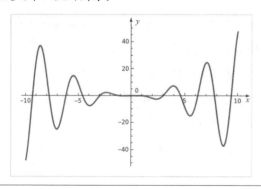

请注意，这个函数的周期性和振幅随 x 的增大而增大，所以它的图形会在 x 轴上来回振荡，且振幅逐渐增大。

Ⓐ 请用 Wolfram 插件一步步推导圆的面积公式。

Ⓢ 圆的面积公式可以通过积分推导。我们可以将圆看作无数个微小的圆环叠加起来的结果，每个圆环的面积都可以通过其周长乘以高度来计算。

首先，我们考虑一个半径为 R 的圆。然后，取圆上的一个微小的圆环，这个圆环的半径为 r，厚度为 dr。这个圆环可以看作一个微小的矩形，其长度为圆环的周长，即 $2\pi r$，高度为 dr，所以其面积 $dA = 2\pi r dr$。

接下来，我们将所有这些微小的圆环的面积加起来，就得到了圆的面积 A。这就需要进行积分，从圆心（$r=0$）到圆的边缘（$r=R$），所以

$$A = \int_0^R 2\pi r dr = \pi R^2$$

这就是圆的面积公式，它告诉我们圆的面积与其半径的平方成正比。

2.2.2　在物理中的应用

本节介绍 Wolfram 插件在物理中的应用。

Ⓐ 请介绍 Wolfram 插件在物理教学中可以做些什么。

Ⓢ Wolfram 插件是一个强大的工具，可以在物理教学中发挥多种作用。

- 解决复杂的物理问题：Wolfram 插件可以解决各种复杂的物理问题，包括动力学、电磁学、量子力学、热

力学等领域的问题；它可以解方程、进行符号和数值计算，甚至可以解微分方程。

- 数据分析和可视化：Wolfram 插件可以用于分析和可视化物理数据。例如，你可以使用它创建散点图、直方图、等高线图等，以更好地理解物理现象。

- 模拟物理现象：Wolfram 插件可以用于模拟各种物理现象。例如，你可以使用它模拟一个振荡器的运动，或者模拟光的折射和反射。

- 教学和学习工具：Wolfram 插件可以作为一个强大的教学和学习工具，教师可以使用它演示复杂的物理概念，学生可以使用它探索和理解这些概念。

- 访问大量的物理数据：Wolfram 插件可以访问大量的物理数据，包括物理常数、元素的性质、天体的数据等。

- 进行单位转换：Wolfram 插件可以进行各种单位的转换，这对物理计算非常有用。

总的来说，Wolfram 插件是一个非常强大的工具，可以在物理教学中发挥重要的作用。

物理教学的实践案例如下。

Ⓐ 从 30m 的高度释放一个铁球，请用 Wolfram 插件帮我计算，铁球要多久落地。请给出计算公式，并告别我相关的物理知识。

Ⓢ 从 30m 的高度自由落下的铁球，大约需要 2.5s 才能落地。落地时的速度大约为 24m/s。

这个计算过程基于自由落体的物理定律。在地球表面附近，一个物体在没有空气阻力的情况下自由落下，其下落的距离 h 与下落所需时间 t 的关系可以用以下公式表示：

$$h = \frac{1}{2}gt^2$$

其中，g 是重力加速度，在地球表面的平均值约为 9.8m/s^2。解这个方程可以得到下落所需时间 t：

$$t = \sqrt{\frac{2h}{g}}$$

这就是我们用来计算下落所需时间的公式。请注意，这个公式假设没有空气阻力，实际情况下，空气阻力可能会使下落所需时间略微增加。

第 3 章
写 作 助 手

3.1 创意写作

ChatGPT 是极其优秀的写作助手，利用 ChatGPT 协助写作的基本模型如图 3.1 所示。

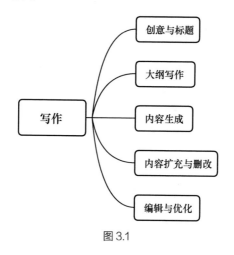

图 3.1

3.1.1 创意与标题

ChatGPT 在创意与标题方面表现卓越。下面以写一篇关于海明威与巴黎的关系的文章为例来说明。

> Ⓐ　你是一个优秀的作家，我想写一篇关于海明威与巴黎的关系的自媒体文章，将其发布在公众号上，请你帮我想一些

创意，并给出标题。

当然，我很乐意为您提供一些关于创意与标题的建议。海明威与巴黎的关系是一个内容丰富而引人入胜的主题，这为我们提供了很多可能的创作方向。以下是我为您准备的一些关于创意与标题的建议。

（1）创意：探索海明威在巴黎的生活，以及这座城市如何影响他的创作。您可以通过研究他在巴黎的生活轨迹，以及他在作品中如何描写巴黎，深入思考这个主题。

标题："海明威的巴黎：一座城市如何塑造一个作家"。

（2）创意：分析海明威在作品中对巴黎的描绘，以及这些描绘如何反映出他对这座城市的感情和理解。您可以选择几部以巴黎为背景的海明威作品，分析他如何描绘这座城市，以及这些描绘背后的含义。

标题："海明威笔下的巴黎：一种情感的表达"。

（3）创意：讲述海明威在巴黎的一些有趣的故事和经历，以及这些故事和经历如何影响他的作品。您可以通过讲述这些故事和经历，让读者更深入地了解海明威以及巴黎对他的影响。

标题："海明威与巴黎：一段不解之缘"。

（4）创意：探讨海明威的作品对现代巴黎的影响，以及他的作品如何塑造人们对巴黎的认知。您可以通过分析海明威的作品以及他的作品在巴黎的接受度，探讨这个主题。

标题："海明威的遗产：巴黎在他笔下的生动图景"。

希望这些创意与标题能够启发您进行创作。如果您需要更多的帮助，或者想要探讨更多的创意，我随时待命。

如果你需要 ChatGPT 帮你写其他类型的文章，可以参照相同结构的提示。

3.1.2 大纲写作

对 ChatGPT 给出的创意与标题，我们可以先进行组合，然后请它进行大纲的写作。

> Ⓐ 谢谢，我喜欢创意（1），可以把标题定为"海明威的巴黎：一座城市如何塑造一个作家"，请你结合创意（3）、（4）、（5），帮我拟一个提纲。
>
> ⑥ 当然，我很高兴您喜欢这个创意。以下是我为您准备的文章提纲。
>
> **标题："海明威的巴黎：一座城市如何塑造一个作家"。**
>
> 1. 引言
>
> - 简短介绍海明威和他与巴黎的关系；
>
> - 阐述文章的主题和目的。
>
> 2. 海明威的巴黎生活
>
> - 描述海明威初到巴黎的情况，包括他对巴黎的第一印象和他在巴黎的早期经历；
>
> - 海明威在巴黎的生活轨迹，包括他的居住地、他常去的咖啡馆和他的社交圈子；
>
> - 描述巴黎如何影响海明威的生活和创作。
>
> 3. 海明威的巴黎故事
>
> - 讲述海明威在巴黎的一些有趣的故事和经历；
>
> - 分析这些故事和经历如何影响他的创作。

4.　海明威的作品中的巴黎

- 分析海明威在作品中对巴黎的描绘，以及这些描绘如何
  反映出他对这座城市的感情和理解；

- 选择几部以巴黎为背景的海明威的作品，分析他如何描
  绘这座城市，以及这些描绘背后的含义。

5.　海明威的作品对现代巴黎的影响

- 探讨海明威的作品对现代巴黎的影响，以及他的作品如
  何塑造人们对巴黎的认知；

- 分析海明威的作品在巴黎的接受度，以及他的作品如何
  影响巴黎的文化和形象。

6.　结论

- 总结巴黎如何塑造海明威，以及海明威如何塑造巴黎；

- 对海明威与巴黎的关系进行最后的思考和总结。

希望这个提纲能够帮助您开始写作。如果您需要更多的帮
助，或者有任何问题，我随时待命。

同理，我们还可以让 ChatGPT 帮我们写其他创意大纲。

对 ChatGPT 给出的大纲我们可以做各种修改和调整。下面让
ChatGPT 调整文章的写作风格，以使文章偏文学性。

Ⓐ　这是一篇偏文学性而非学术性的文章，请帮我微调一下提
纲，特别是"引言"和"结论"部分，谢谢。

⑨　当然，我理解您希望这篇文章更偏向于文学性质，而非学
术性质。以下是我为您调整后的文章提纲。

标题："海明威的巴黎：一座城市如何塑造一个作家"。

1. 引言

以一段引人入胜的故事开头，例如海明威初次来到巴黎的那一刻，或者他在巴黎的一次难忘的经历。

简短介绍海明威和他与巴黎的关系，以及这座城市对他的影响。

2. 海明威的巴黎生活

描述海明威在巴黎的日常生活，包括他的居住地、他常去的咖啡馆和他的社交圈子。

描绘巴黎如何深深影响海明威的生活和创作。

3. 海明威的巴黎故事

讲述海明威在巴黎的一些有趣的故事和经历，以及这些故事和经历如何影响他的创作。

4. 海明威的作品中的巴黎

分析海明威的作品中对巴黎的描绘，以及这些描绘如何反映出他对这座城市的感情和理解。

选择几部以巴黎为背景的海明威的作品，分析他如何描绘这座城市，以及这些描绘背后的含义。

5. 海明威的作品对现代巴黎的影响

探讨海明威的作品对现代巴黎的影响，以及他的作品如何塑造人们对巴黎的认知。

分析海明威的作品在巴黎的接受度，以及他的作品如何影响巴黎的文化和形象。

6. 结论

以一个引人深思的故事或者海明威说的一段引人深思的话（例如他对巴黎的一段描述，或者他对巴黎的一段感慨）结束。

总结巴黎如何塑造海明威，以及海明威如何塑造巴黎。

希望这个调整后的提纲能够满足您的需求。如果您需要更多的帮助，或者有任何问题，我随时待命。

我们还可以采用其他风格，如幽默轻松、奇幻等。

3.1.3　内容生成

根据已经优化过的提纲，请 ChatGPT 开始撰写文章。可以利用作家的名字设定文章的风格；当文章较长时，可以让 ChatGPT 分段进行写作。

Ⓐ　你是一个海明威风格的优秀作家，请根据提纲帮我撰写"1. 引言"和"2. 海明威的巴黎生活"，字数在 1000 字左右。

⑥　**标题："海明威的巴黎：一座城市如何塑造一个作家"。**

巴黎，1921 年的冬天，一个年轻的美国人走下了火车，踏上了这座城市的石板路。他的名字是欧内斯特·海明威，他即将成为世界上最伟大的作家之一。他带着妻子和刚出生的儿子，带着对未知的好奇和对生活的热爱，来到了这座他将称为"流动的盛宴"的城市。

巴黎，对海明威来说，既是一个真实的地方，也是一个灵感的来源。这座城市的街道、咖啡馆、桥梁和塞纳河都成了他的作品中的场景。他在这里遇到了一些最重要的人，并写下了一些最重要的作品。巴黎，对他来说，是一个启示，一个灵感，一个永恒的主题。

海明威在巴黎的生活，就像他的作品一样，充满了冒险和激情。他住在拉丁区的一间小公寓里，那里充满了艺术家和作家的气息。他的邻居是毕加索，他的朋友是菲茨杰拉尔德和福克纳。他们在咖啡馆里谈论文学，在塞纳河边喝酒，在巴黎的夜晚寻找灵感。

海明威的巴黎，是一个充满活力和创造力的地方。他在这里找到了他的声音，找到了他的创作主题。他在这里写下了《太阳照常升起》，他在这里创造了他的文学世界。巴黎，对他来说，是一个梦想，一个挑战，一个永恒的家。

海明威的巴黎，也是一个充满挫折和困难的地方。他在这里经历了贫困和失落、失败和挫折。但是，正是这些挫折和困难，塑造了他的性格，激发了他的创造力。他在这里学会了坚韧和勇敢，学会了如何面对生活的困难和挑战。

海明威的巴黎，是一个真实和虚构相交融的地方。这座城市的街道、咖啡馆、桥梁和塞纳河，都成了他的作品中的场景。他在这里创造了一个世界，一个充满冒险和激情的世界。巴黎，对他来说，是一个故事，一个梦想，一个永恒的主题。

……

另外，还可以假定 ChatGPT 是其他风格的作家，如《道德经》的作者老子、诗仙李白等。

3.1.4　内容扩充与删改

对 ChatGPT 生成的内容我们可以根据自己的需求进行修改或删除。如果觉得某些内容过于简洁，可以请 ChatGPT 进行扩充，但最好能给出扩充的方向。

Ⓐ 关于海明威与"流动的盛宴"，请帮我扩充一下内容，重点提一下海明威与菲茨杰拉德和福克纳等人的交往，字数在 400 字左右。

✳ 对于在巴黎的日子，海明威称之为"流动的盛宴"。这不仅描绘了那个时代的巴黎，也描绘了他在那里的生活。他在巴黎的日子充满了激情，就像一场永不停歇的盛宴。

在这场"流动的盛宴"中，海明威遇到了一些最重要的人。其中最著名的两位是菲茨杰拉尔德和福克纳。他们都是那个时代的伟大作家，都在巴黎找到了自己的声音。

海明威与菲茨杰拉尔德的友情是出了名的。他们在巴黎的咖啡馆里谈论文学，在塞纳河边喝酒，在巴黎的夜晚寻找灵感。

福克纳则是海明威的一个重要的朋友和竞争对手。他们在巴黎经常一起讨论文学和创作。他们的友情和竞争，激发了他们的创造力，也塑造了他们的作品。

在这场"流动的盛宴"中，海明威找到了自己的声音，也找到了自己的主题。他的巴黎，就像他的作品一样，充满了冒险和热情。他的巴黎，就像他的作品一样，是一个永恒的主题。

3.1.5　编辑与优化

因为 AI 幻想的问题，有时候 ChatGPT 生成的内容会出现事实错误。这时可以打开 ChatGPT 的联网插件，把 GPT-4 设置为 Browsing 模式，通过联网进行真实性核查。

我对 ChatGPT 生成的文字中关于"西尔维娅·比奇是海明威导师"的叙述有怀疑，便采用 Browsing 插件进行了核实。

Ⓐ 请帮我核对以下这段文字的真实性，并给出修改建议。

"海明威也常常去莎士比亚书店。这是他在巴黎的另一个精神家园。那里有各种各样的书，而且，更重要的是，那里有他的朋友，也是他的导师——西尔维娅·比奇。比奇是书店的主人，她是他在巴黎的朋友和导师之一。她的独特眼光和对文学的深入理解给海明威带来了极大的启发。他们经常在书店的一角交谈，讨论文学、生活，以及那个充满活力的城市。比奇也是海明威的读者，她的批评和鼓励让海明威在写作路上更加坚定。"

🌀 您的段落中描述的海明威与西尔维娅·比奇的关系大致准确。在 1921 年海明威与他的第一任妻子哈德莉移居巴黎后不久，他们就成了朋友，这段友谊持续了 40 年。【1】

海明威确实经常去比奇的书店——莎士比亚书店。比奇是他在巴黎的早期朋友之一，她看出海明威对写作的认真态度，并在早期成为他的支持者【2】。比奇的书店是一个聚集地，吸引了英国、美国、爱尔兰和法国的作家，成为文学和新思想交流的中心【3】。

然而，我没有找到直接证据表明比奇是海明威的导师，或者她的批评和鼓励对海明威的写作有特殊的影响。比奇确实对现代文学有深深的热爱和理解，例如她冒险出版了詹姆斯·乔伊斯的《尤利西斯》【4】，但这并不能直接证明她在海明威的写作过程中扮演了导师的角色。

另外需要注意的是，您提供的段落中没有提到在 20 世纪 30 年代，由于汇率问题，许多美国人离开巴黎，比奇的书店不再如以前那样繁荣，但她的忠实的朋友们通过组织读书

> 会和年度订阅活动来帮助比奇度过了那段艰难的岁月【5】。
>
> 综上所述，如果您想更准确地描述海明威和比奇的关系，
> 可能需要注意这些细节。但总体来说，您提供的段落比较
> 准确地传达了他们的友情和比奇对现代文学的贡献。

GPT-4 的 Browsing 插件会读取比较靠谱的网站（比如维基百科）中的内容，然后将内容进行比对，得出结论，并给出依据，单击上述答案中的"【1】、【2】、【3】、【4】、【5】"等处，就可以查看依据。

其他编辑与优化方法还包括语法和拼写检查等，这里不再一一赘述。

3.2 商业写作

ChatGPT 在商业写作方面具有较强的应用潜力。以下是 ChatGPT 可以在商业写作方面发挥作用的例子。

- **广告和宣传文案**：ChatGPT 可以帮助撰写广告标语和宣传文案；它可以提供创意、帮助优化文案、调整语气和风格，并确保文字内容与目标受众相匹配。

- **博客文章**：ChatGPT 可以生成高质量的博客文章；它可以为特定主题的博客文章提供研究信息、整理结构、填补内容细节，并确保风格自然，语言流畅。

- **产品说明和用户手册**：ChatGPT 可以帮助编写产品说明书、用户手册和操作指南；它可以根据产品特性和功能提供详细的说明，并以易于理解和用户友好的方式传达信息。

- **客户信函和邮件**：ChatGPT 可以协助编写客户信函、业务邮件；它可以提供合适的模板、建议用语、解释和解决问题的方法，并确保文字内容清晰明了。

- **社交媒体和营销内容**：ChatGPT 可以为社交媒体和营销活动生成

创意内容；它可以帮助撰写有趣的推文、引人入胜的博客、吸引人的营销文案，并与受众进行实时互动。

需要注意的是，虽然 ChatGPT 可以提供有用的写作建议和灵感，但是在商业写作中人工编辑和校对是必不可少的。ChatGPT 生成的内容可能需要人工审查和修改，以确保准确性、一致性，并且保证其与品牌形象相符。

此外，在商业写作中，保持与目标受众的连接、创造独特的品牌声音和理解行业背景都是非常重要的。ChatGPT 可以作为一个功能强大的辅助工具，同时人类的专业知识和判断对确保写作的质量和有效性依然必不可少。

3.2.1　写销售报告大纲

本节展示如何通过 ChatGPT 写销售报告大纲。

Ⓐ 我是一家女装零售店的店长，你能为我提供一份关于季度销售情况的报告大纲吗？请包含必要的部分和信息，以确保报告全面有效。另外，你能提供任何关于研究和写作的技巧或最佳实践吗？

🅖 当然可以，以下是一份关于季度销售情况的报告大纲，以及一些研究和写作技巧。

1. 引言：简要介绍报告的目的和内容。

2. 销售概况：提供季度销售总额，与上一季度和去年同期进行比较。

3. 产品类别销售分析：详细分析各个产品类别（如连衣裙、上衣、裤子等）的销售情况，包括销售额和销售量。

4. 最佳销售产品：列出销售额最高的产品，并分析其成功的原因。

5.　最差销售产品：列出销售额最低的产品，并探讨其表现不佳的原因。

6.　客户购买行为分析：分析客户的购买行为，例如购买的时间、频率和偏好等。

7.　市场趋势和预测：根据当前的销售数据和市场趋势，预测下一季度的销售情况。

8.　改进策略：基于以上分析，提出改进的策略和建议。

9.　结论：总结报告的主要发现和建议。

研究和写作技巧如下。

● 数据整理和分析：你可以使用电子表格或其他工具整理和分析数据，要确保数据准确无误。

● 目标明确：在写作前明确你的目标，这将帮助你确定哪些信息是重要的，哪些是次要的。

● 简洁明了：尽量使你的语言简洁明了，避免使用复杂的术语和长句。

● 图表使用：使用图表展示数据可以使报告更易于理解。例如，你可以使用柱状图比较不同产品的销售额，或使用饼图展示各产品类别的销售占比。

● 逻辑清晰：确保报告逻辑清晰，每一部分都应该有明确的主题，并且主题之间有一定的联系。

● 审阅和修改：完成初稿后，务必进行审阅和修改，确保信息准确无误。

希望这些信息对你有所帮助！如果你有任何其他问题，欢迎随时提问。

参考以上示例，我们还可以用 ChatGPT 来撰写其他主题的报告大纲。

3.2.2 向他人提出请求

本节展示如何借助 ChatGPT 委婉地向他人提出请求。

Ⓐ 我需要在工作中向某人请求某事，但我不想显得过于强硬。你能否给我一种逐步的方法，让我以专业的方式提出请求？请提供构建请求的技巧，以及我可以使用的任何语言，这些可以帮助我在提出请求时感到更舒适和自信。

Ⓢ 当然可以，以下是一些步骤和建议，可以帮助你以专业的方式提出请求。

（1）明确你的请求：在提出请求之前，要明确你需要什么、为什么需要，以及这对你和你的工作有何重要性。

（2）选择合适的时间和地点：选择一个不会打扰对方的时间和合适的地点，如果可能，可以预先约定一个时间。

（3）礼貌开场：开始时，可以简单地询问对方是否有时间讨论一件事情，或者表达你对他们的尊重。

（4）清晰、直接地提出请求：明确地表达你的请求，不要含糊不清或过于委婉。例如，你可以说："我需要你的帮助来完成这个项目，你能在明天下午之前给我提供这些信息吗？"

（5）解释请求的原因：解释你为什么需要他们的帮助，以及他们的帮助对完成工作的重要性。这可以帮助他们理解你的立场，他们可能因此更愿意提供帮助。

（6）表达感谢和尊重：表达你对他们提供帮助的感谢，

即使他们不能满足你的请求，也要表示感谢。

（7）提供回报：如果可能，提供某种形式的回报，回报不一定是实物，也可以是你在将来提供帮助的承诺。

（8）保持开放的态度：如果他们不能满足你的请求，接受他们的决定，保持开放的态度，并讨论其他可能的解决方案。

在语言使用上，以下是一些有用的表达：

- "我知道你很忙，但我真的需要你的帮助……"
- "我对打扰你感到抱歉，但我真的需要……"
- "我理解你的时间很宝贵，我只需要……"
- "如果你现在没有时间，我们可以找个其他时间讨论吗？"
- "我非常感谢你能帮我……"

记住，每个人都有自己的工作和责任，所以在提出请求时，表达对他们的尊重和理解是非常重要的。希望这些建议对你有所帮助！

3.2.3　写汇报邮件

本节展示如何借助 ChatGPT 写汇报邮件。

Ⓐ　我是一家女装零售店的店长，希望有机会去深圳参观公司另一家非常优秀的零售店，请你帮我拟一封发给公司总经理的电子邮件，谢谢。

Ⓢ　当然可以，以下是一个可能的电子邮件模板：

主题：请求参观深圳优秀零售店的机会。

尊敬的 [总经理的名字]，

我希望你一切都好。我知道你的时间非常宝贵，因此我会尽量简洁明了地说明我的请求。

我正在寻找提升我们店铺业绩的新方法，并且我注意我们公司在深圳的一家零售店最近的销售表现十分出色。我相信，如果有机会去那里学习和观察，我可以从他们的成功经验中学到很多，并将所学内容应用到我们自己的店铺中。

我了解到，这可能需要一些时间和资源的投入，但我相信这将是一次宝贵的学习机会，有助于提升我们店铺的业绩和客户满意度。我承诺我会尽快将我在深圳学到的所有知识和经验分享给我的团队。

如果你认为这是一个好主意，我希望我们可以找个时间详细讨论一下这个计划。如果你现在没有时间，我们可以找个其他时间讨论吗？

我非常感谢你考虑我的请求，并期待你的回复。

祝好，

[你的名字]

请根据你的具体情况修改这个模板。希望这个示例对你有所帮助！如果你有任何其他问题，欢迎随时提问。

3.2.4 写演示文稿框架

本节展示如何通过 ChatGPT 写演示文稿框架。

Ⓐ 在创建基于幻灯片的演示文稿时，我可以使用哪些不同的框架？我想了解更多可以用来创建演示文稿的不同框架。请为每种框架提供一段简短的概述，内容包括其关键特性以及适合使用的情况。

🔘 当然，以下是一些常见的演示文稿框架。

- 故事叙述框架：通过讲述一个吸引人的故事吸引听众的注意力；通常包括一个引人入胜的开场、一个中间的冲突或挑战，以及一个解决方案或结论；适合在需要吸引和保持听众注意力的情况下使用。

- 问题 - 答案框架：首先提出一个问题，然后提供一个或多个答案；适合在需要解决具体问题或挑战的情况下使用。

- 比较 - 对比框架：通过比较和对比两个或更多的事物提供信息或解决问题；适合在需要展示不同选项或方法的优缺点的情况下使用。

- 事实 - 解释 - 应用框架：首先提供一个事实或信息，然后解释其含义或重要性，最后说明如何应用这个事实或信息；适合在需要教育听众或提供实用信息的情况下使用。

- 案例研究框架：通过深入研究一个具体的案例提供信息或解决问题；适合在需要展示具体实例或证据的情况下使用。

每种框架都有其独特的优点，具体选择哪种框架取决于你的目标、内容和听众。希望这些信息对你有所帮助！如果你有任何其他问题，欢迎随时提问。

3.2.5　写演讲 PPT 大纲

本节展示如何通过 ChatGPT 写演讲 PPT 大纲。

Ⓐ 我是跨境电商行业的一个创业者，我公司主营玩具业务，玩具主要是一些军舰模型，我将在一个展会上做半小时的演讲，你可以运用故事叙述框架帮我写一个演讲 PPT 大纲吗？

🆂 当然可以，以下是一个基于故事叙述框架的演讲 PPT 大纲。

幻灯片 1：开场。你可以分享一段关于你小时候玩军舰模型的故事，描述你对它们的热爱以及它们是如何激发你的想象力的。

幻灯片 2：引入主题。你可以介绍你的公司和公司的军舰模型，解释你如何将你对军舰模型的热爱转化为你的事业。

幻灯片 3：挑战。你可以讨论你在创业过程中遇到的挑战，例如无法找到高质量的制造商，或者市场竞争激烈。

幻灯片 4：解决方案。你可以分享你是如何克服这些挑战的，例如你如何找到合适的制造商，或者你如何通过创新的营销策略吸引了客户。

幻灯片 5：产品展示。你可以展示公司的军舰模型，强调它们的特点和优点。

幻灯片 6：客户反馈。你可以分享一些客户的反馈，展示他们对你的产品的喜爱，以及这些产品如何为他们带来乐趣。

幻灯片 7：未来计划。你可以分享你的未来计划，例如你打算推出的新产品，或者你打算如何扩大你的业务。

幻灯片 8：结尾。你可以以一个感人的故事结束你的演讲，例如你看到一个孩子在玩你的军舰模型并充满了喜悦之情，这让你意识到你的工作是有价值的。

希望这个大纲对你有所帮助！如果你有任何其他问题，欢迎随时提问。

第 4 章
工 作 助 手

在工作的很多方面，ChatGPT可以成为很好的帮手。作为工作助手，ChatGPT主要应用于以下领域。

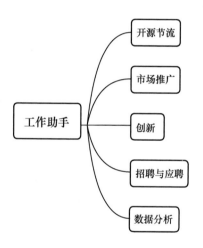

4.1 开源节流

提高利润、节约成本、管理现金流是每个企业的核心工作。本节以餐饮企业为例，说明在这些方面如何应用ChatGPT。读者在实际应用中可以将提示中的行业改为自己所在的行业；结合实际情况，对ChatGPT提出的建议进一步分析，找出可行的方案。

4.1.1　提高利润

提高利润是企业经营的核心目标之一，关系到企业的持续成长和企业市场竞争力的增强。它涉及市场定位、产品开发、市场销售、成本控制等方面的综合管理和创新。通过有效地提高利润，企业可以提高投资回报率，吸引更多的投资者和合作伙伴，从而进一步扩大市场份额和提升品牌形象。要提高利润，企业还需要灵活适应市场变化，不断优化业务流程，创造更有价值的产品和服务。在现代商业环境中，科技创新和战略合作成为提高利润的关键，可推动企业实现更广阔的商业愿景。

下面讲解如何用 ChatGPT 协助我们完成营利方案的制定。

1. 提供营利方案

让 ChatGPT 给出 30 个营利方案，以体现 AI 在商业决策领域的突破性应用。通过深度学习和大数据分析，ChatGPT 能够根据特定的行业背景和市场环境，快速提供一系列多元化的营利方案。这些方案涵盖了不同的风险等级、投资领域和回报预期，为企业提供了全方位的选择。这不仅大幅提高了企业的决策效率，还能使企业针对复杂的商业环境做出更精确和个性化的响应，从而推动企业盈利能力的持续提升。

> Ⓐ 作为餐饮行业的小企业主，我一直在寻找提高利润的方法。你能否为我提供 20 个实用且创新的方案，帮助我提高利润？我在寻找的是针对我所在的行业具体和可行的方案，而不是通用的概念。谢谢！
>
> ⑨ 当然可以，我将提供一些创新的方案，以帮助您提高餐饮

业务的利润。请注意，您可能需要根据自己的具体情况进行微调。

- 开发招牌菜：提供独特的美食，吸引客户。
- 设计主题晚餐：按照季节或文化主题策划特别活动。
- 引入健康选项：提供低糖、低盐、低脂肪或有机等健康选项。
- 饮品创新：引入特色饮品。
- 提供午餐套餐：提供经济实惠的工作日午餐选择。
- 改善餐厅装饰：改善餐厅的氛围和环境。
- 网络营销：利用社交媒体宣传您的菜单和特色。
- 制订客户忠诚计划：提供积分或优惠券以获取更多回头客。
- 提供食品配送服务：与第三方配送平台合作或自建配送团队。
- 留意客户评价：密切关注线上和线下的客户评价，并根据客户评价进行改进。
- 延长营业时间：延长营业时间至深夜或 24 小时营业。
- 引入新菜品：定期引入新菜品，给客户新鲜感。
- 提供高级素食选项：为客户提供高质量的素食选择。
- 更新支付方式：接受移动支付等。
- 创建自有 App：方便客户订餐和付款。
- 提供儿童菜单和儿童区：照顾带小孩的家庭，提供儿童餐和儿童区。
- 提供外卖优惠：在一定时段（比如工作日午餐时间）内提供外卖优惠。

- 提供个性化定制服务：根据客户的特殊需求或口味来定制菜品。
- 提供团购服务：与附近的公司或机构建立长期合作关系，提供团购服务。
- 使用智能订单系统：采用智能订单系统，提升效率，减少客户的排队时间。

以上方案可以帮助您以创新的方式吸引新客户，同时保持老客户的忠诚度。希望您可以从中找到适合您业务的方案。

2. 筛选重要方案

针对这些方案，如果我们并不能很好地判断出哪些是最重要的，可以继续让 ChatGPT 筛选出重要的方案。

让 ChatGPT 筛选出 10 个重要的方案，以充分展示其在解决复杂问题方面的能力。通过深入分析大量可能的选择，ChatGPT 能够识别并挑选出最具潜力和价值的 10 个方案。这样的智能筛选不仅节省了人力和时间，还能确保决策的客观性和精准度。无论是用于商业战略规划、产品开发选择还是投资方向判断，ChatGPT 的这一能力都为决策者提供了强大的支持，确保了方向的正确性和效益的最大化。

Ⓐ 请继续帮我从上面的方案中筛选出 10 个重要的方案，要求符合商业逻辑和市场规律，同时还符合当下趋势。

Ⓢ 理解了，根据您的要求，我为您筛选出了以下 10 个符合商业逻辑、市场规律并且与当下趋势相符的方案。

- **开发招牌菜**：招牌菜可以让您的餐厅在竞争激烈的市场中脱颖而出，吸引更多的客户。

- **引入健康选项**：随着健康意识的增强，越来越多的人开始关注食物的营养和健康。

- **饮品创新**：饮品是提升客户体验、增加利润的有效手段，特色饮品可以吸引客户的眼球。

- **网络营销**：利用社交媒体进行有效推广，可以扩大品牌影响力，吸引更多的新客户。

- **提供食品配送服务**：随着外卖行业的发展，食品配送服务变得越来越重要。

- **提供高级素食选项**：随着素食主义的兴起和人们环保意识的提升，人们对高级素食选项的需求也在增加。

- **更新支付方式**：移动支付方便了客户，且符合现代人的消费习惯。

- **创建自有 App**：自有 App 可以加强品牌建设，同时可以通过数据分析优化服务和营销策略。

- **提供儿童菜单和儿童区**：家庭是餐厅的重要客户群体，提供儿童菜单和儿童区可以吸引更多家庭客户。

- **使用智能订单系统**：使用 AI 技术提升效率，改善客户体验。

以上 10 个方案综合考虑了市场趋势、商业逻辑，同时考虑了各类客户的需求。我希望这些方案能帮助您提高利润，扩大餐饮业务。

同理，在制造、设计、美容等行业，也可以用相同结构的提示，让 ChatGPT 帮你从众多方案中挑选出几个。

3. 确定最先实施的方案

让 ChatGPT 给出最先实施的方案，以凸显其在优先策略制定方面的强大作用。通过分析各个方案的重要性、可行性和潜在回报，

ChatGPT 能够确定哪个方案应当优先执行。这一过程不仅规避了人的偏见和误判，还确保了资源的合理分配和目标的快速实现。在现今竞争激烈的环境中，ChatGPT 的智能决策功能可以为企业提供关键的竞争优势，帮助其迅速应对多样的挑战，始终保持领先地位。

> Ⓐ 非常棒，我不太清楚最先应该实施哪一个，请继续帮我挑选出最优的方案，并告诉我如何开始，以及相应的方法和步骤是什么。
>
> ⑤ 根据我对市场趋势的理解，**网络营销**可能是最实用且效果显著的策略。网络营销不仅能提高您的品牌知名度，还可以通过各种网络平台直接触达潜在客户。
>
> 以下是您可以采取的具体步骤。
>
> （1）确定您的目标客户：您需要确定您的餐厅想要吸引的是哪类客户。是学生，还是上班族，或者是家庭？了解您的目标客户是什么样的人，他们的需求是什么，可以帮助您更好地进行针对性的推广。
>
> （2）创建社交媒体账号：您可以在一两个常用的社交媒体平台（如微博、微信、抖音等）上创建账号。在创建账号时，确保所有的信息都填写完整，包括餐厅地址、联系方式、营业时间等。
>
> （3）发布有吸引力的内容：利用社交媒体账号发布吸引人的内容。这些内容可以是招牌菜的图片、特别活动的预告，或者餐厅内部的照片等。记住，高质量的图片和视频可以更好地吸引客户。
>
> （4）互动与回应：当您的账号开始收到评论和提问时，您应该及时回应。这可以展现您的专业性和热情，让客户

感到自己被重视。

（5）制订推广计划：推广计划可以包括定期的折扣活动、主题晚餐，或者与其他品牌的联合营销活动等内容。您也可以尝试通过与博主或者"网红"合作推广餐厅。

（6）监控数据和调整策略：定期监控您的社交媒体账号的数据，看看哪种类型的内容最受欢迎，哪些推广活动的效果最好，然后据此调整您的策略。

记住，网络营销是需要持续投入和耐心的，一开始可能效果并不明显，但只要您坚持下去，就一定会看到效果的。

4.1.2 节约成本

节约成本是企业与个人在资源配置和财务管理中追求的关键目标之一。它涉及对生产、运营、采购等环节的精细审查和优化。通过节约成本，企业可以提高利润率，增强竞争力，并为未来的投资和扩张提供更多的可能性。个人也可以通过合理的消费和投资策略达到节约成本的目的。

在现今全球化和数字化的背景下，节约成本的方法和工具不断演进，为企业实现可持续增长和稳健发展提供了重要支撑。

1. 给出节约成本的方法

让 ChatGPT 给出 20 种节约成本的方法，以体现其在企业运营和管理优化中的作用。通过深入分析企业的财务状况、业务流程和资源消耗情况，ChatGPT 能够快速提供 20 种节约成本的有效方法。这些方法可能涉及供应链优化、能源利用效率提升、流程自动化等领域。应用这些方法，企业不仅能降低运营成本，还能提高整体效率和竞争力。

Ⓐ 假设你是一个餐饮行业成本管理方面的专家，请给出 20 种节约成本的实用方法。

⑨ 很好，以下是 20 种节约成本的实用方法。

- 减少浪费：让员工减少食物和材料的浪费。

- 提高能源利用效率：使用节能设备，定期维护设备以保持其效率。

- 批量购买：如果可能，批量购买原料和设备可以节省大量成本。

- 定期盘点库存：避免过度采购并且及时发现和处理丢失或损坏的物品。

- 租赁而非购买设备：如果设备不长期使用，那么租赁可能比购买更经济。

- 优化员工排班：确保在繁忙和空闲时段都有适量的员工在岗。

- 实施自动化流程：一些流程（例如库存管理、计费等）可以通过自动化软件进行优化。

- 使用固定供应商：与固定供应商建立长期关系，可能会获得更低的价格和更好的服务。

- 使用时令食材：当季食材不仅价格更合适，而且更新鲜。

- 控制食材分量：通过控制食材分量，防止过度使用和浪费。

- 提高水的利用率：确保所有的清洁活动都在满载情况下进行，避免水的浪费。

- 利用剩余食材：在确定菜单时，考虑如何利用剩余食材，例如制作汤或糕点。

- 培训员工：通过培训提高员工的工作效率和生产力，使员工减少错误和浪费。

- 使用合理的价格策略：调整菜品价格以反映成本的变化，同时考虑市场竞争状况。

- 优化菜单设计：针对菜单，进行设计上的调整，提升销售利润。

- 进行税务规划：了解可能的税务优惠和抵免政策，确保税务合规。

- 提供灵活的工作时间：通过灵活的工作时间，降低排班和加班费用。

- 实施能源审计：找专业的能源审计师，找出节约能源的方式。

- 优化供应链：找到最佳的货源和运输方式，节约供应链成本。

- 定期维护设备：通过定期维护设备，延长设备的寿命，减少更换设备的成本。

以上这些方法可以帮助餐厅有效地降低成本，提高利润。

2. 挑选重要的方法

让 ChatGPT 挑选 10 种重要的方法，以展示其在解决问题和决策方面的强大能力。借助 AI 和深度学习技术，ChatGPT 能够从众多方法中挑选出较具效益的 10 种。这一功能可以广泛应用于战略规划、产品创新、成本控制、市场营销等领域。通过智能分析和评估，ChatGPT 不仅确保了选择的精准性和客观性，还大幅提高了决策效率。

Ⓐ　请继续，帮我从上面 20 种方法中筛选出 10 种关键的方法，要求符合商业逻辑和市场规律，同时还符合当下趋势。

⑤　当然，以下是我根据您的要求筛选出的 10 种关键的节约成本的方法。

- 减少浪费：减少物料的浪费是直接降低成本的重要方式。
- 提高能源利用效率：投资节能设备和系统，长期来看可以大大节约能源费用。
- 批量购买：合理采购和库存管理可以大大降低成本。
- 实施自动化流程：使用技术和软件使部分流程自动化，减少人工错误，提高效率。
- 优化员工排班：精准的人力资源管理能有效降低人力成本。
- 使用固定供应商：与固定供应商建立稳定的合作关系，获取更优惠的价格。
- 使用时令食材：采购当季食材，降低成本的同时提升菜品的品质。
- 培训员工：通过培训提升员工技能，减少错误，提高生产效率。
- 进行税务规划：在税务规划中，了解可能的税务优惠和抵免政策，确保税务合规，可以帮助节约成本。
- 实施能源审计：寻求专业的能源审计师，找出节约能源的方式，降低长期的运营成本。

这些方法考虑了商业逻辑、市场规律和当前的行业趋势，希望对您有所帮助。

在决策或问题解决的过程中，从 20 个答案中挑选出 10 个具有代表性的答案，是一种有效的优化策略。这样的挑选可以集中资源和注意力，确保在关键领域和方向上取得突破。20 个答案提供了全面的视野和选择，而精选 10 个，能够排除干扰和次优方案，凸显最具潜力和价值的选择。这一过程有助于提高决策质量和执行效率，避免资源的浪费和方向的偏差。在商业、科技、教育等领域，这样的挑选策略都成为实现目标和优化表现的有效手段。

3. 给出最先实施的方法

让 ChatGPT 给出最先实施的方法，以强调 AI 在优先级管理和策略执行方面的关键作用。通过分析众多方法的紧迫性、重要性和效益，ChatGPT 能识别出应优先执行的方法。这不仅规避了人的偏见，确保了决策的客观性和精确性，还能促进资源的合理分配和目标的迅速达成。在企业决策、项目管理和个人规划中，ChatGPT 的智能分析和推荐功能为我们提供了高效、科学的支持，帮助我们更好地应对不断变化的挑战，确保关键目标的实现。

> Ⓐ 非常棒，我不太清楚应该最先落实哪一种方法，请继续帮我挑选出最优的方法，并告诉我如何开始，具体的方法和步骤是什么。
>
> ⑤ 基于您的需求，我建议您首先关注**减少浪费**这种方法。这种方法既能降低成本，又能响应当前环保的社会趋势，提升品牌形象。
>
> 以下是实施的步骤。
>
> （1）了解当前浪费的情况：了解目前浪费主要发生在哪些环节，这可能包括物料浪费、能源浪费等。
>
> （2）设定目标：根据浪费的情况，设定减少浪费的明确目标。例如，减少食物浪费和降低耗电量等。

（3）培训员工：培训员工，让他们理解浪费的影响，以及他们可以如何减少浪费。例如，告知员工正确的食材储存和处理方式、节约能源的行为等。

（4）更改流程和策略：根据需要，您可能需要调整一些流程和政策，以减少浪费。例如，调整食材的采购和储存流程、调整菜品的分量、设置节能的策略等。

（5）监控和调整：在实施了这些策略后，持续监控结果，并根据实际情况进行调整。如果某些策略未能达到预期的效果，不要怕改变。

记住，减少浪费不仅是一种成本节约策略，还是一种长期的承诺。这需要整个团队共同努力，而且可能需要一段时间才能看到明显的效果。但是，这样做的好处远远超过了短期的困难。

我们还可以让 ChatGPT 继续帮我们细化每个步骤的执行细节，示例如下。

请继续帮我细化"步骤（1）了解当前浪费的情况"的详细落地细节和关键点。

4.1.3　管理现金流

现金流管理是企业财务管理的核心组成部分，它关注企业现金的进出流动，旨在确保资金的合理配置和运用。良好的现金流管理能够维持企业的资金流动性和偿债能力，支撑企业的日常运营和长期发展。通过精准跟踪与分析收入、支出、债务和投资等现金活动，企业能够及时发现和预防现金流风险，提高现金使用效率，增强竞争力。

现金流管理还有助于企业实现战略目标，开展新项目和把握机遇。在现代商业环境中，现金流管理的重要性日益凸显，为企业的稳健发展和卓越表现提供了关键支撑。

1. 给出管理现金流的方法

让 ChatGPT 给出 10 种管理现金流的方法，是一种充分利用 AI 技术进行现金流管理的现代手段。通过综合分析企业的收入、支出、投资、债务等方面的信息，ChatGPT 能够提供 10 种精准有效的现金流管理方法。这些方法可能包括优化收款流程、精确预测现金需求、控制不必要支出、合理安排投资等。通过实施这些方法，企业能够确保现金的顺畅流动、降低现金流风险、提高现金使用效率。

Ⓐ 作为一名餐厅老板，我一直在寻找提升我的现金流管理技能的方法。我希望确保我正在优化我的现金流以覆盖开支，支付员工工资，并扩展业务。哪些有效的策略可以用来提升现金流管理技能？我如何预见潜在的现金流问题，并提前规划以确保我的业务的财务状况稳定？请给出 10 种方法。

🌀 当然，现金流管理对任何企业的运行和发展都至关重要。以下是一些提高现金流管理技能的策略。

- **理解财务报表**：学习阅读并理解财务报表，特别是现金流量表。这将帮助你了解资金的来源和去向，从而更好地进行决策。

- **确定预算**：设定详细、可行的预算，包括进行收入和支出预测。这将帮助你管理现金流，避免过度支出。

- **实施适时的收款策略**：通过合理的付款条款和策略，尽快收到款项。例如，提供小额的提前支付折扣，或使用移动支付平台加快收款速度。

- **建立良好的供应商关系**：与供应商就付款条款进行谈判，尽可能推迟付款，以改善现金流。同时保持良好的供应商关系，防止供应中断。

- **管理库存**：过量的库存会占用大量的现金，降低现金流动性。定期进行库存盘点，优化库存，既能满足业务需求，又不过度占用现金。

- **学习现金流管理工具的用法**：学习 QuickBooks、Xero 等财务软件，它们提供了多种工具和报告，可帮助你更好地管理现金流。

- **监控关键财务指标**：熟悉并定期监控关键的财务指标，如现金流量比率、应收账款周转率等。通过它们可以提早发现现金流问题。

- **确定现金储备策略**：现金储备策略可以为应对突发事件或度过困难时期提供缓冲，以保持业务的稳定。

- **确定投资策略**：理智地进行投资，确保投资能带来足够的现金回报，并与你的业务战略相匹配。

- **培训和咨询**：参加财务和现金流管理的培训课程，或者寻求专业的财务顾问的建议，以提升你的现金流管理技能。

以上策略可以帮助你提升现金流管理技能，预见和解决潜在的现金流问题，确保财务稳定。

　　ChatGPT 从不同的角度和层面提出的 10 种方法，确保了对现金流管理问题的全面理解和多方位覆盖。这样的过程有助于发现不同的机遇和挑战，识别潜在的风险和优势。之后，从这 10 种方法中进一步挑选出关键方法，有助于我们将资源和精力集中在最有价值的方法上。这一策略结合了全面分析和精确选择，既确保了对问题的广泛探索，也促进了解决方法的有效实施和执行，对现金流管理的成功实施具有重要价值。

2. 挑选关键方法

让 ChatGPT 挑选 3 种关键的现金流管理方法是一种集中注意力于核心方法的智能决策方式。通过分析和对比现金流管理的各个方面，ChatGPT 能够识别出 3 种较具影响力的方法。这可能涉及实时收款、精确的现金流预测，以及有效的支出控制等。这 3 种关键方法的实施有助于企业确保现金的流动性，降低现金流风险，增强财务稳定性。

Ⓐ 请继续，帮我从上面 10 种方法中筛选出 3 种关键方法，要求符合商业逻辑和市场规律，同时还符合当下趋势。

⑤ 当然可以，根据当前的商业逻辑、市场规律以及当下趋势，以下是从上述 10 种方法中，为您挑选出的 3 种关键方法。

- **实施适时的收款策略**：随着数字支付技术的不断发展，提供多种付款方式以便客户快速、方便地付款已经成为一种趋势。一些现代的付款工具（如移动支付和在线支付平台）可以大大加快付款过程，从而改善现金流。

- **优化库存管理**：零售行业（包括餐饮业）的关键举措。在食品和饮料行业，有效的库存管理不仅可以提高资金使用效率，还能减少浪费，降低成本。

- **学习现金流管理工具的用法**：随着技术的进步，现在有很多财务软件可以帮助企业主更好地理解和管理现金流。这些工具可以使很多复杂的财务流程自动化，提供实时的数据分析和预测，帮助您更好地做出决策。

这 3 种方法综合了当前的技术发展趋势、市场规律和商业逻辑，可以有效地提高您的现金流管理能力，使您的企业在竞争激烈的市场中立于不败之地。

从 10 种方法中挑选出 3 种是一种精确化和优化的策略。初始的 10 种方法提供了全面的视野，覆盖了现金流管理的各个方面和层次。从中挑选 3 种关键方法，是对这些方法进行深入分析和评估的过程，目的是选出重要性、可行性和效益最高的方法。

3. 筛选最重要的方法

让 ChatGPT 筛选出最重要的方法是一种高度集中和优化的决策方式。从众多可能的解决方法中，ChatGPT 通过深入分析和智能评估，选出最具价值的方法。这种方式突出了目标的明确性和执行的精确性，确保了资源的高效利用和方向的准确性。通过对比、权衡和优化，ChatGPT 的这一选择能够反映出最关键的需求。

> Ⓐ 非常棒，我不太清楚最先应该实施哪一种方法，请继续帮我挑选出最优的方法，并告诉我如何开始，具体的方法和步骤是什么。
>
> ⓖ 基于当前的市场环境和趋势，我建议您优先考虑**学习现金流管理工具的用法**。有效的财务软件可以帮助您更好地理解和管理现金流，并提供实时的数据分析和预测，从而帮助您做出更明智的商业决策。
>
> 以下是实施的步骤。
>
> （1）评估需求：明确您需要的具体功能和特性，考虑您的财务报告分析、预算和预测、发票管理、付款处理等需求。
>
> （2）市场研究：对市场上的财务软件进行研究，了解它们的功能、优缺点、价格等，包括但不限于 QuickBooks、Xero、FreshBooks 等。
>
> （3）试用和选择：大部分财务软件提供试用期，这是一个看它是否满足您的需求的好机会。试用期过后，根据您

的体验和需求选择最合适的软件。

（4）实施培训：一旦您选择了合适的软件，就要让您的团队进行培训，了解如何使用它。您也可以考虑找专业的顾问帮助您实施培训。

（5）持续优化：开始使用软件后，持续监控其效果，根据实际情况，调整参数。软件可能需要一些时间去适应您的业务，不要害怕调整和优化参数。

学习现金流管理工具的用法可以帮助您更准确地掌握财务状况，及时发现问题，做出更好的决策，最终提高现金流管理能力。

我们还可以让 ChatGPT 继续帮我们细化每个步骤的执行细节，示例如下。

请继续帮我细化"步骤（1）评估需求"的详细落地细节和关键点。

4.2　市场推广

产品的市场推广包括广告文案制作、产品命名、图片制作等工作。图片制作可以用 Midjourney、Stable Diffusion 等 AI 绘图软件完成，许多文字工作则可以用 ChatGPT 高效完成。

4.2.1　产品推广建议

产品推广建议是指针对某一产品或服务，根据市场需求、竞争环境、目标人群等因素提出的推广方案和策略。这些建议可能包括选择合适的推广渠道、开展有效的营销活动、确定目标市场等。产品推广的目的是帮助企业更有效地将产品或服务推向市场，提高产品或服务的知名度和销售量。通过科学、合理的推广建议，企业可以实现资源的合理分配，确保推广活动的高效执行，增强产品在市场中的竞争力，促进业务增长和品牌建设。在现代商业运营中，产品推广是获得市场认可的关键步骤之一。

1. 如何制订市场推广方案

我们可以借助 ChatGPT 完成市场推广方案的制订。

> Ⓐ 想象你是一个优秀的广告策划专家，我想给我的产品制订广告文案，我需要注意什么？
>
> ⑨ 作为一个优秀的广告策划专家，我认为您在给产品制作广告文案时需要注意以下要点。
>
> - 目标受众：确定广告的目标受众群体，了解他们的需求、兴趣和偏好。
>
> - 独特卖点：突出产品的独特卖点，明确产品与竞争对手产品的区别，为产品精准定位。
>
> - 情感共鸣：采用情感化的语言和形象，让受众产生共鸣。
>
> - 简洁明了：文案要简洁明了，突出核心信息，不要使用过多复杂的文字。
>
> - 创意和吸引力：图片要具有创意和吸引力，吸引受众的眼球，提高关注度。
>
> - 清晰的设计：广告文案和图片要有清晰的设计，让受众在短时间内了解产品和广告信息。
>
> - 符合品牌形象：广告要与产品品牌形象相符，保持一致性，提高品牌认知度。
>
> - 唤起行动：文案要鼓励受众采取行动，例如购买、咨询或单击链接。
>
> - 测试和优化：在发布广告前，要进行测试和优化，确保广告效果最佳。

- 合规性：确保广告内容符合广告法规和平台政策，避免违规问题。
- 测量和分析：广告发布后，通过测量数据和分析广告效果，持续进行优化。

通过注意以上要点，您可以创建引人注目、吸引受众并传递有效信息的广告文案和图片，从而提升产品的宣传效果和推广效果。

2. 细化要点

如果对以上要点不知道如何落地和执行，我们可以继续让 ChatGPT 为我们细化方案。

Ⓐ 请继续帮我将每个要点的操作流程和步骤细化出来，要求每个要点可落地执行。

🌀 当您需要将广告策划的每个要点细化为可落地执行的操作流程和步骤时，可以按照以下方式进行。

（1）了解目标受众。

- 调研目标受众的特征、兴趣和需求。
- 确定目标受众画像，包括年龄、性别、职业、兴趣等。
- 根据目标受众的特点，确定广告的内容和形式。

（2）总结独特的卖点。

- 分析产品的独特卖点，找出与竞争对手的差异。
- 通过调查和市场研究，确定受众最看重的产品特点。
- 将独特卖点融入广告文案和图片中，突出产品的优势。

（3）产生情感共鸣。

- 了解目标受众的情感需求和痛点。

- 设计广告内容和形象，让受众在情感上产生共鸣。
- 使用故事性的元素，让广告更具感染力。

（4）使用简洁明了的文案和图片。

- 保证广告文案简洁明了，突出核心信息。
- 保证图片简洁明了，避免使用过多复杂的视觉元素。
- 使用简洁的语言和图片，让受众一目了然。

（5）具有创意和吸引力。

- 进行创意头脑风暴，寻找有趣、独特的广告创意。
- 采用高质量的图片，提升广告吸引力。
- 考虑使用动画、视频等形式增加创意和吸引力。

（6）保持清晰的设计。

- 确定广告文案的主题和核心信息。
- 调整广告内容的结构和逻辑，让信息传递有序。
- 确保广告阅读顺畅，引导受众关注重点内容。

（7）符合品牌形象。

- 确定品牌的核心形象。
- 在广告中保持品牌形象的一致性，使用品牌色彩和标志。
- 根据品牌特点，调整广告语言和视觉风格。

（8）唤起行动。

- 在广告文案中使用行动性词汇，鼓励受众采取行动。
- 添加按钮或链接，引导受众进行购买、咨询等操作。
- 提供优惠或奖励，增加受众的参与欲望。

（9）测试和优化。

- 在小范围内测试广告效果，收集反馈和数据。

- 根据测试结果，进行广告的优化和调整。

- 不断进行 A/B 测试，找出最优的广告版本。

（10）确保合规性。

- 确认广告内容符合广告法规和平台政策。

- 避免使用虚假信息或误导性信息进行宣传。

- 定期检查广告的合规性，确保广告的合法性和可靠性。

（11）测量和分析。

- 使用网站分析工具追踪广告效果，包括点击率、转化率等。

- 分析广告数据，了解广告的表现和效果。

- 根据分析结果，进一步优化广告，不断提升广告效果。

通过将这些要点细化为具体的操作流程和步骤，您可以更好地执行广告策划，确保广告的效果和效益达到最优。同时，持续的测试和优化将帮助您不断提升广告的吸引力和效果。

3. 确定详细的方案

通过 ChatGPT，确定详细的方案。

Ⓐ 请根据以上执行步骤形成具体方案，并说明执行细节和时间规划，以表格的形式呈现。

⑤ 下面是用广告策划的执行步骤形成的具体方案表格，包含执行细节和时间规划。

步骤	执行细节	时间规划
了解目标受众	● 进行市场调研，了解目标受众特征和需求。 ● 确定目标受众画像和关键词，包括年龄、性别、职业、兴趣等	第 1 周

续表

步骤	执行细节	时间规划
总结独特卖点	● 分析产品特点和竞争对手，找出独特卖点和优势。 ● 确定宣传焦点	第 2 周
产生情感共鸣	● 研究目标受众的情感需求和痛点。 ● 设计广告内容和形象，让受众产生情感共鸣。	第 3 周
使用简洁明了的文案和图片	● 精简广告文案，突出核心信息。 ● 选取简洁明了的视觉元素	第 4 周
具有创意和吸引力	● 进行创意头脑风暴，寻找创意和新颖的元素。 ● 采用高质量的图片	第 5 周
保持清晰的设计	● 安排广告内容结构和逻辑，确保信息传递有序。 ● 确保广告阅读顺畅	第 6 周
符合品牌形象	● 确定品牌的核心形象和风格。 ● 确保广告与品牌形象一致	第 7 周
唤起行动	● 使用行动性词汇，鼓励受众采取行动。 ● 添加按钮或链接，引导受众进行购买、咨询等操作	第 8 周
测试和优化	● 在小范围内测试广告效果，收集反馈和数据。 ● 根据测试结果进行广告的优化和调整	第 9 周
确保合规性	● 确认广告内容是否符合广告法规和平台政策。 ● 定期检查广告的合规性，确保广告的合法性和可靠性	第 10 周
测量和分析	● 使用网站分析工具追踪广告效果，包括点击率、转化率等。 ● 分析广告数据，了解广告的表现和效果	第 11 周
优化和调整	● 根据分析结果进一步优化和调整广告。 ● 不断提升广告效果和吸引力	第 12 周

请注意，以上时间规划仅供参考，实际执行时间可能因项目规模和复杂性不同而有所不同。在执行过程中，建议根

据实际情况灵活调整时间安排，做好沟通和协调，确保广告策划的顺利执行。

4.2.2　为产品制订推广方案

为产品制订推广方案是商业活动中的重要环节，它涉及分析产品特性、目标市场、竞争态势以及潜在客户的需求，以及确定相应的营销策略和制订执行计划。推广方案可能包括选择合适的广告渠道、确定适宜的定价策略、组织促销活动、利用社交媒体进行推广等内容。

制订推广方案的目的是使产品在目标市场中获得更高的可见性，吸引更多的潜在客户，从而增加销量并提升品牌形象。通过精心制订和执行推广方案，企业能更有针对性地将产品推向市场，实现商业目标，并在竞争激烈的市场环境中获得优势。

Ⓐ　想象你是优秀的广告策划专家，我的产品是一款轻便透气的慢跑鞋，请给我一个完整的广告方案。

☷　当然，作为优秀的广告策划专家，我很乐意为您提供一份完整的广告方案，来推广您的轻便透气慢跑鞋。以下是广告方案。

1. 广告目标
- 提高品牌知名度和认知度。
- 增加慢跑鞋的销量和市场份额。
- 强调产品的轻薄透气特点，吸引潜在用户。

2. 目标受众
- 25 ～ 45 岁的运动爱好者，尤其是喜欢户外慢跑的人群。

- 注重穿着舒适性和功能性的消费者。
- 希望通过慢跑锻炼身体的年轻专业人士。

3. 核心信息

- 产品名称：AirRun Lite（轻盈慢跑鞋）。
- 主打特点：轻薄透气，奔跑自如。
- 核心宣传语：轻盈奔跑，畅享自由。

4. 创意形象

- 选用有活力、自由和健康的视觉元素，强调户外奔跑的乐趣。
- 在图片和视频中展示跑步者畅快奔跑的场景，表现产品的轻盈特性。
- 引入自然元素，如风、云、阳光等，突出产品的透气性。

5. 广告内容

- 故事性广告：通过一个跑步者在美丽的风景中畅快奔跑的故事，展现慢跑鞋的舒适和轻盈。
- 产品展示：展示慢跑鞋的细节设计，重点突出其轻薄透气的特点。
- 用户见证：引入真实用户的评价，增加产品可信度。

6. 传播渠道

- 广播电视：制作精彩的视频广告，在电视和网络平台上播出。
- 数字平台：通过社交媒体、视频网站和搜索引擎推广广告内容。
- 户外广告：在运动场馆、健身房、公园等场所设置户外广告牌。

7. 时间规划

- 筹备阶段：确定广告目标、目标受众，确定创意和内容。时间：第 1 周。
- 制作阶段：拍摄广告视频和图片，设计广告文案。时间：第 2 周。
- 审核和修改：对广告内容进行审核和修改，确保与品牌形象一致。时间：第 3 周。
- 发布和推广：发布广告，持续推广广告内容。时间：第 4 周。

8. 效果评估：

- 使用数据分析工具追踪广告效果，监测点击率、转化率等指标。
- 根据数据评估广告效果，分析受众反馈，调整广告策略。

通过这个广告方案，我们将突出产品的特点，吸引目标受众，提升品牌知名度和产品销量。同时，持续的监测和优化将确保广告的效果最优。希望这个方案能为您的产品推广带来成功！

4.2.3　为产品取名

为产品取名是产品推广和市场化的关键步骤之一，涉及对产品特性、目标受众、市场定位等因素的深入分析和理解。产品名不仅应反映产品的核心价值和独特性，还要能使目标受众产生共鸣。此外，产品名还应易于记忆，符合语言习惯，避免与现有品牌混淆。

一些成功的产品名甚至可以成为行业的代名词，极大地提高品牌的知名度和市场份额。因此，为产品取名不仅是一项富有创意的工作，还是一项需要市场洞察和战略思考的重要任务。产品名直接关系到产品在市场中的竞争力。

🅐 想象你是一个产品命名专家，请帮我起 8 个有创意的产品名。

⑧ 当然，作为产品命名专家，我很乐意帮您起 8 个有创意的产品名。

- AirGlide —— 一款轻盈的运动鞋，让您健步如飞。
- FlexiVenture —— 一款灵活的冒险鞋，陪伴您探索未知的世界。
- BreezeStride —— 一款微风似的步行鞋，给您舒适的漫步体验。
- EcoFlow —— 一款环保流线型鞋，让您走得更远。
- SwiftAir —— 一款迅捷的透气鞋，带您穿越繁华的城市。
- CloudGrip —— 一款云朵般的抓地鞋，给您无与伦比的稳定和舒适。
- ZephyrVent —— 一款清风吹拂的通风鞋，带来独特的透气感受。
- AeroStride —— 一款航空动力般的步行鞋，带您飞越每一步的旅程。

这些产品名旨在吸引消费者的注意，传达产品的特点和价值，并为您的产品赋予独特的形象。希望这些有创意的产品名对您有所启发！

从 8 个有创意的产品名中找到启发和灵感是一个创造性探索过程。这 8 个产品名可能代表了不同的市场定位、文化背景、产品特性

或目标人群，通过对其进行了分析和对比，可以找到令人眼前一亮的取名策略。这样的过程有助于开阔思维、激发创造力、找到新的视角和方向。无论是为新产品取名，还是为现有品牌重新定位，从这些富有创意的产品名中寻找启发和灵感，都是一种有效的方法，能够帮助企业或个人找到引人注目的产品命名方案，从而增强产品的市场吸引力和竞争力。

4.2.4 为产品制作社交媒体内容表

通过精心策划的社交媒体内容表，企业可以更系统地与潜在客户互动，增加品牌曝光，提高产品知名度。这一过程需要企业员工对产品、市场和社交媒体平台的深入理解，以及出色的内容创作和组织能力。在数字化时代，为产品制作社交媒体内容表是实现线上推广和市场拓展的关键手段之一。

Ⓐ 你是社交媒体推广专家，你能否为我在中国的慢跑鞋企业制作一张社交媒体内容表？该表格应该包含以下内容：

- 社交媒体平台（优先考虑中国领先的社交媒体平台）；
- 社交媒体平台上的互动类型；
- 用于互动的内容；
- 时间表；
- 日期列。

我希望能有效地规划和组织我的社交媒体策略，并追踪我的社交媒体活动的进展。通过这张表格，我希望确保我的社交媒体内容与我的总体营销目标相符，也与我的目标受众有相关性，并在长期内保持一致性。

Ⓢ 当然，以下是为你的慢跑鞋企业准备的社交媒体内容表，

该表考虑了中国领先的社交媒体平台。

社交媒体平台	互动类型	互动内容	时间表	日期
微信	发布	新款慢跑鞋的介绍	每周一次	2024-07-10
微博	网络活动	用户穿着慢跑鞋的照片分享活动	每月一次	2024-07-15
抖音	视频分享	慢跑鞋的生产过程或慢跑鞋在不同地形的表现	每周两次	2024-07-11，2024-07-14
小红书	图文分享	用户对慢跑鞋的评价及推荐	每周三次	2024-07-12，2024-07-15，2024-07-17
微信	推送消息	特价优惠信息	每月两次	2024-07-20，2024-07-27

这只是一个基础的例子，你可以根据你的业务特性和目标受众调整这张表格。同时，实时关注各社交媒体平台的反馈，对内容和发布频率进行灵活调整也是非常重要的。希望这张表格对你有所帮助！

4.3　创新

在现在这个竞争日益激烈的时代，创新无疑是企业脱颖而出的关键，妥善使用 ChatGPT 可以帮助我们更好地实现创新。在下述例子中，读者可以将提示内容的主题替换成自己关心的主题，利用 ChatGPT 打开思路。我们在使用 ChatGPT 时，要注意 ChatGPT 可能会有不靠谱的想法，应保持批判性思维，判断和挑选符合实际情况的建议。

4.3.1　制定业务创新策略

制定业务创新策略是现代企业追求业绩持续增长和增强竞争

优势的核心过程之一。该策略涉及识别新的商业机会、开发独特的产品或服务、改进现有流程和探索新的市场渠道等内容。这一策略不仅需要对市场趋势、客户需求、竞争环境等有深入的了解，还需要对企业内部的资源和能力有准确的评估。业务创新策略的成功实施可能会带来新的收入来源，提高工作效率，提高客户满意度，并促使企业在激烈的市场竞争中脱颖而出。总之，制定和执行业务创新策略是企业适应不断变化的商业环境、实现可持续发展的重要途径。

Ⓐ 想象你是著名的企业创新导师，作为餐饮行业的企业主，我认识到创新在保持竞争力和在市场中获取优势方面的重要性。然而，持续产生新的想法并领先于竞争对手可能会很困难。我可以使用哪些策略和工具实现业务创新？我如何保证我的企业在行业中保持领先地位，并继续为客户提供独特的价值？

⑨ 在我作为一名企业创新导师的经验中，我发现以下的一些策略和工具对推动餐饮行业的创新非常有帮助。

- 培养创新文化：鼓励员工提出新的想法和建议。你可以定期开展头脑风暴会议，或者奖励那些有创新想法的员工，以创建一个鼓励创新的工作环境。

- 深度理解客户：使用调查、访谈和数据分析等方式了解你的客户，包括他们的需求、喜好和行为模式。通过对客户行为数据的分析，你甚至可以预测未来的趋势，从而提前做好准备。

- 使用创新工具：使用设计思维、精益创业等工具帮助你系统化地进行创新。这些工具可以帮助你从全新的角度思考问题，并快速地试验和迭代你的想法。

- 跨行业学习：从其他行业和市场中寻找新的想法和灵感。有时候，一个在别的行业非常成功的想法，可能就是你需要的创新突破点。
- 与科技并行：保持对新技术（如 AI、大数据等）的关注，看看它们如何能够应用到你的业务中。

要保持你的餐厅在行业内的领先地位，并持续提供独特的价值，你需要将创新变成一种常态。持续追求改进，勇于尝试新的想法，始终保持对客户需求的敏锐感知，这些都是保持竞争优势的关键因素。

4.3.2 共创主题要素

共创主题要素涉及多方参与者在特定主题或项目下，共同探索、设计和实现的过程。这可能涉及不同的利益相关方，如企业、消费者、合作伙伴、研究机构等，他们共同定义目标、分析需求、生成解决方案，并协作推进方案实施。

共创的过程强调透明、沟通和协作，使各方能够充分利用彼此的知识、经验和资源，共同开发出符合各方需求和期望的解决方案。共创主题要素是现代创新管理和产品开发的重要策略之一，有助于提高创新的速度，增强解决方案的适应性和竞争力，同时能增进各方之间的合作和信任关系。

Ⓐ 主题：我如何知道应该优先考虑什么？

对于上述主题，请以新的角度和方法进行头脑风暴。优先考虑那些独特的想法。

了解应该优先考虑什么，可以用很多不同的角度和方法进行。以下是一些可能的想法，包括一些独特的方法。

- 利用 AI 和机器学习工具，对你的任务和目标进行排序和优化。AI 工具可以学习你的偏好，并以最有效率的方式安排你的优先事项。

- 根据任务的重要性或紧急性，设定优先级，但你可以试试根据你对任务的情绪设定优先级。如果某个任务让你感到压力大或焦虑，可以先完成这个任务。

- 记录你的梦境，看看是否有什么深层次的主题或指示可以帮助你确定应该优先考虑的事情。这个想法可能比较超现实，但是有时候我们的潜意识会比我们自己更了解我们真正需要的是什么。

- 根据你的生物节律，安排你的任务。有些人在早上最精神，有些人则在晚上最精神。通过了解你的高效能时段，你可以将最重要的任务安排在这些时段内。

- 通过虚拟现实（VR）或增强现实（AR）技术，模拟完成不同任务的结果，以帮助决定哪些任务应优先处理。

- 将你的任务和决策放在一幅"同理心地图"上，其中每个任务和决策都考虑了对其他人的影响。优先考虑那些能最大限度地帮助或影响其他人的任务和决策。

- 比起外在的任务和责任，试着多聆听你内在的声音，看看你内心深处真正想要做什么，那可能就是你应该优先考虑的。

以上都是一些可能的新角度和方法，有些可能适合你，有些可能不适合。最重要的是找到一种适合自己的方式来确定优先事项。

4.3.3 举例描述主题要素

通过具体实例解释和描绘一个特定主题的核心组成部分和属性，有助于清晰、生动地展现这个特定主题的各个方面，使人们更容易理解和掌握主题的精髓，同时可以为相关的讨论、研究或实践提供有用的指导。例如，在探讨"健康饮食"这一主题时，可以通过具体操作（均衡膳食，控制糖分和盐分的摄入，摄入良好的脂肪，避免过量饮用含糖饮料）描述。

Ⓐ 主题：提升博客文章的浏览量

对于以上主题，给出一些与主流观点不同的例子，生成一些挑战既定假设的主题概述和描述。

⑨ 对于"提升博客文章的浏览量"的主题，主流的观点常常是关注搜索引擎优化、使用热门关键词，或者在社交媒体上分享帖子等。然而，以下主题和例子挑战了这些普遍的看法。

1. 过度优化可能适得其反

描述：过度依赖搜索引擎优化可能会导致内容质量的降低，这样反而会降低读者对内容的兴趣和博客文章的浏览量。重视内容质量而非关键词堆砌可能更能吸引和留住读者。

2. 社交媒体分享并不始终有效

描述：虽然社交媒体分享通常被看作一种增加博客文章浏览量的有效方式，但是过度的分享可能会导致粉丝疲劳，反而降低浏览量。

3. 高质量内容胜于高更新频率

描述：尽管通常认为博客文章更新频率越高，浏览量就越大，但有时专注于创作高质量的内容，即使更新频率较低，也可能吸引更多的长期忠实读者。

4. 反直觉的推广平台可能带来意想不到的效果

描述：除了常规的社交媒体平台（如 Twitter），还可以使用其他一些非传统的平台（如 Reddit 和 Quora）。

5. 个性化和讲故事可能比优化关键词更有效

描述：在博客文章中加入个人故事和独特的个人声音，可能比简单地优化关键词更能吸引读者的关注。

6. 线下活动也可以是一种有效的推广方式

描述：尽管我们生活在一个高度数字化的世界中，但是线下活动（例如研讨会和读书会）可能是推广博客文章的有效方式。

这些主题和例子提供了新的视角，挑战了提升博客文章浏览量的传统观念，帮助我们更全面地理解提升博客文章浏览量的策略。

4.4　招聘与应聘

作为一种先进的 AI 语言模型，ChatGPT 在招聘和应聘过程中有许多潜在的作用。

对于招聘者来说，ChatGPT 可以帮助他们实现一些流程的自动化。例如，它可以用来筛选简历，找出符合特定职位要求的候选人，也可以用来准备面试时的问题。

对于应聘者来说，ChatGPT 也可以提供帮助。例如，它可以提供面试建议，或者模拟面试。此外，ChatGPT 还可以帮助应聘者撰写求职信或简历，以提高他们的求职成功率。

4.4.1 制订招聘方案

使用 ChatGPT 制订招聘方案，将科技和人力资源专业知识结合，为企业提供一种高效、灵活的招聘准备方式。这种方式不仅提高了招聘的准确性和效率，还能帮助企业更好地了解自己的人才需求，有针对性地吸引和挑选合适的候选人，从而推动自身持续成长和成功。

> (A) 假设你是一位人力资源专家，作为餐饮行业的小企业主，我打算招聘几名新员工。你能为我提供招聘过程中需要采取的具体步骤吗？我希望确保我遵循最佳实践，并吸引适合这份工作的候选人。谢谢！
>
> (S) 当然可以，以下是招聘新员工的一般步骤。
>
> （1）确定需求：你需要明确你的企业需要什么样的员工。这包括确定职位名称、职责、所需技能和经验等。
>
> （2）创建职位描述：根据你的需求，创建一份详细的职位描述。这将帮助潜在的应聘者了解他们将要承担的职责。
>
> （3）发布招聘广告：在各种招聘网站、社交媒体平台、行业相关的论坛等地方发布你的招聘广告。

（4）筛选简历：收到简历后，根据你的职位需求进行筛选，挑选出符合条件的候选人。

（5）面试：对筛选出的候选人进行面试。面试可以帮助你更好地了解候选人的技能、经验和态度。

（6）核查参考资料：在向候选人发出工作邀请之前，你可能需要核查他们的参考资料。这可以包括与他们以前的雇主、同事或教师交谈。

（7）发出工作邀请：在完成所有这些步骤后，你可以向你选择的候选人发出工作邀请。

（8）培训：新员工入职后，提供必要的培训和指导，帮助他们更好地适应新的工作环境。

以上就是招聘新员工的一般步骤，希望对你有所帮助。

4.4.2 梳理招聘要点

在企业运营的诸多环节中，招聘占据了重要的地位。梳理招聘要点不仅有助于企业找到合适的人才，还能体现企业的战略方向和文化价值观。通过明确招聘目标、职位描述、筛选标准等关键要素，招聘过程将变得更高效和有针对性。本节还将探讨如何使用 ChatGPT 优化招聘流程，实现招聘自动化和智能化，为企业和人才的精准匹配提供更多的可能性。

Ⓐ 想象你是餐饮行业的招聘专家，我是一家餐饮连锁机构的企业主，餐厅主营粤菜，请帮我准备一下面试连锁餐厅店长的要点，以及 30 个比较关键的问题，谢谢！

⑤ 当然可以，以下是面试连锁餐厅店长的一些要点和关键问题。

面试要点如下。

- 领导能力：餐厅店长需要具备领导团队的能力，包括解决冲突、激励员工和与员工进行有效沟通的能力。
- 业务知识：掌握与餐厅业务运作有关的知识，包括食品安全规定、客户服务标准和库存管理规定等。
- 问题解决能力：能够处理突发情况，如员工缺勤、设备故障或客户投诉。
- 财务管理：理解基本的财务概念，如成本控制、预算和销售目标。
- 对品牌的了解：了解你的餐厅品牌，包括品牌价值、目标客户和特色菜品。

关键问题如下。

1. 你有多少年的餐饮行业工作经验？
2. 你曾经管理过多少员工？
3. 你如何处理员工之间的冲突？
4. 你如何激励你的团队？
5. 你如何处理客户投诉？
6. 你有食品安全和卫生规定方面的知识吗？
7. 你如何管理库存？
8. 你有处理财务的经验吗？
9. 你如何设定和实现销售目标？
10. 你对我们的品牌有什么理解？
11. 你如何保证餐厅的日常运营顺利进行？
12. 你如何处理突发情况，如员工缺勤或设备故障？
13. 你如何保证食品和服务的质量？

14. 你有粤菜相关的知识和经验吗？

15. 你如何应对高压和快节奏的工作环境？

16. 你如何进行菜单规划和定价？

17. 你如何进行员工培训？

18. 你如何管理供应商？

19. 你如何保证餐厅的整洁？

20. 你如何进行餐厅的营销和推广？

21. 你如何处理餐厅的预算和成本控制问题？

22. 你如何处理员工的排班问题？

23. 你如何处理餐厅的设备维护和修理问题？

24. 你如何处理餐厅的安全问题？

25. 你如何处理餐厅的许可和法规遵守问题？

26. 你如何处理餐厅的装修和布局问题？

27. 你如何处理餐厅的员工招聘和解雇问题？

28. 你如何进行餐厅的客户关系管理？

29. 你如何进行餐厅的风险管理？

30. 你如何处理餐厅的业务发展和扩张问题？

以上就是面试连锁餐厅店长的一些要点和关键问题，希望对你有所帮助。

4.4.3 准备面试的要点

在现代招聘过程中，ChatGPT 可以根据已有数据，分析面试中主要关注的能力与常见的面试题，以帮助求职者更高效地准备面试，提高求职成功率。

Ⓐ 想象你是一家游戏公司的技术副总裁，这家公司主要开发
全球实时策略对战游戏，我是一个在英国学习游戏编程的
留学生，将到你的公司面试，请你帮我介绍一下游戏开发
工程师面试准备的要点，同时帮我准备 50 个可能的问题，
谢谢！

Ⓢ 当然可以，以下是面试游戏开发工程师的一些要点和可能
的问题。

面试要点如下。

- 编程技能：你需要展示你的编程能力，特别是在
  C++ 或 C# 这样的语言上的，因为它们在游戏开发
  中应用广泛。

- 游戏引擎知识：你需要对 Unity、Unreal Engine 等游
  戏引擎非常熟悉。

- 数学和物理知识：你需要对数学和物理有深入的理解，
  特别是在图形处理、动画和碰撞检测等方面。

- 问题解决能力：你需要展示你的问题解决能力，包括
  调试代码、优化性能和解决技术问题等方面的能力。

- 团队合作：游戏开发需要团队合作，你需要展示你的
  团队合作能力和沟通技巧。

可能的问题如下。

1. 你有多少年的编程经验？
2. 你熟悉哪些编程语言？
3. 你有使用 Unity 或 Unreal Engine 的经验吗？
4. 你如何处理性能优化问题？
5. 你如何进行代码调试？

6. 你有使用版本控制系统（如 Git）的经验吗？

7. 你有进行单元测试的经验吗？

8. 你有网络编程的经验吗？

9. 你有多线程编程的经验吗？

10. 你如何处理内存管理问题？

11. 你有图形编程的经验吗？

12. 你有音频编程的经验吗？

13. 你有 AI 编程的经验吗？

14. 你有物理编程的经验吗？

15. 你有动画编程的经验吗？

16. 你有用户界面编程的经验吗？

17. 你有数据库编程的经验吗？

18. 你有 VR/AR 编程的经验吗？

19. 你有移动设备编程的经验吗？

20. 你有跨平台编程的经验吗？

21. 你有处理安全问题的经验吗？

22. 你有处理游戏设计问题的经验吗？

23. 你有游戏脚本编程的经验吗？

24. 你有游戏数据分析的经验吗？

25. 你有游戏服务器编程的经验吗？

26. 你有处理游戏网络同步的经验吗？

27. 你有处理游戏性能监控的经验吗？

28. 你有处理游戏更新和补丁的经验吗？

29. 你有运营游戏社区和处理玩家反馈的经验吗？

30. 你有关于游戏内购和广告的经验吗？

31. 你有游戏本地化的经验吗?

32. 你有关于游戏版权和许可的经验吗?

33. 你有关于游戏测试和质量保证的经验吗?

34. 你有处理游戏发布和分发问题的经验吗?

35. 你有游戏项目管理的经验吗?

36. 你有处理游戏硬件兼容性问题的经验吗?

37. 你有提升游戏用户体验的经验吗?

38. 你有游戏故事和角色设计的经验吗?

39. 你有制作游戏音效和音乐的经验吗?

40. 你有关于游戏艺术和视觉设计的经验吗?

41. 你有关于游戏级别和环境设计的经验吗?

42. 你有关于游戏教程和帮助的经验吗?

43. 你有关于游戏评分和排行榜的经验吗?

44. 你有关于游戏成就和奖励的经验吗?

45. 你有关于游戏社交和分享的经验吗?

46. 你有关于游戏云存储和同步的经验吗?

47. 你有处理游戏隐私和数据保护问题的经验吗?

48. 你有关于游戏法规和合规的经验吗?

49. 你有游戏研发和创新的经验吗?

50. 你有游戏行业趋势和市场研究的经验吗?

以上就是面试游戏开发工程师的一些要点和可能的问题,希望对你有所帮助。

需要注意的是,这些问题是面试时招聘者可能会关注的能力或相关经验,求职者应根据自身情况系统地梳理相关知识、总结相关项目经验。

4.4.4 模拟面试

本节展示如何通过 ChatGPT 模拟面试。

Ⓐ 请你扮演游戏公司的面试官，对我进行面试（我是来应聘游戏开发工程师的应届毕业生）。请你问我问题，在我提供答案后，请对我的回答给出反馈，或者给出比较巧妙的回答，以帮助我获得这份工作。

Ⓖ 当然可以，让我们开始面试。

问题 1：你能介绍一下你自己以及你为什么对游戏开发感兴趣吗？

（请在此处提供你的回答）

Ⓐ 我叫齐明，毕业于纽卡斯尔大学，所学专业是游戏编程，我从小就喜欢玩游戏，也喜欢艺术，希望能够通过开发游戏带给更多的人快乐，也希望在游戏开发过程中得到类似于艺术创作的乐趣。

Ⓖ 非常好，齐明。你的热情和对游戏开发的热爱是非常重要的。这种热情可以帮助你在面对挑战时保持动力，并且从工作中找到乐趣。同时，你的艺术背景可能会为你在游戏设计方面提供独特的视角。

问题 2：你能谈谈你在学习过程中完成的一个最令你自豪的项目吗？

（请在此处提供你的回答）

更多应用场景如下。

● 请你扮演互联网公司的面试官，对我进行面试（我是来应聘×××的大学毕业生）。请你问我问题，在我提供答案后，请对我的回答给出反馈，或者给出比较巧妙的回答，以帮助我获得这份工作。

- 请你扮演自动驾驶企业的面试官，对我进行面试（我是来应聘×××的大学毕业生）。请你问我问题，在我提供答案后，请对我的回答给出反馈，或者给出比较巧妙的回答，以帮助我获得这份工作。
- 请你扮演新媒体公司的面试官，对我进行面试（我是来应聘×××的大学毕业生）。请你问我问题，在我提供答案后，请对我的回答给出反馈，或者给出比较巧妙的回答，以帮助我获得这份工作。

4.5　数据分析

2023 年 7 月初，OpenAI 宣布 Code Interpreter 将向所有 ChatGPT Plus 用户开放。它允许这类用户在 ChatGPT 中上传文件，并运行代码来分析或处理文件，这类用户可以要求 ChatGPT 分析数据、创建图表、编辑文件、进行数学计算等。Code Interpreter 极大地增强了 ChatGPT 在数据分析方面的能力。本节将探索 ChatGPT 在这方面的一些应用。

激活 Code Interpretor 的方式与激活插件的方式类似，在 ChatGPT Plus 的 Settings 界面中，使 Code interpreter 后方的按钮处于打开状态即可，如图 4.1 所示。

图 4.1

要使用 Code Interpretor，需要在开始一个新对话时，在 New Chat 对话框中选择 Code Interpretor，如图 4.2 所示。

图 4.2

选择 Code Interpreter 后，ChatGPT 的对话框右上角出现一个"+"按钮，单击它，就可以上传文件。

如果想尝试用 Code Interpreter 进行数据分析，数据必不可少，读者可以采用自己企业的数据，也可以在 Kaggle 下载一些公用数据。Kaggle 是世界上最优秀的数据科学社区之一，拥有丰富的工具和资源。下面的例子中的客户销售数据表就是从 Kaggle 下载的。

用 Code Interpreter 进行数据分析和数据可视化，可以生成各种图表，包括直方图、饼图、折线图、散点图、等高线图、极坐标图等。实际上，Code Interpreter 是调用 Matplotlib 这个 Python 第三方库来实现数据可视化的，因此读者可以通过参阅 Matplotlib 文档，了解 Code Interpreter 在绘图方面具备的能力。

4.5.1　数据集概述

提供下载方式和文件名称，即可让 ChatGPT 分析指定文件、提供文件内容，这样我们便可对文件有整体认识，并了解可进一步分析的方向。

> Ⓐ 请分析这个文件的内容。
>
> customer_shopping_data.csv
>
> （注：这个数据文件可以从 Kaggle 网站下载）
>
> ⑥ 这个数据集包含了关于顾客购物行为的信息。每一行代表一个购物事件，列包括以下字段。
>
> - invoice_no：发票编号。
> - customer_id：顾客 ID。
> - gender：顾客性别。
> - age：顾客年龄。
> - category：商品类别（例如服装、鞋子、书籍等）。
> - quantity：购买的商品数量。
> - price：商品价格。
> - payment_method：支付方式（例如，使用信用卡、借记卡、现金等）。
> - invoice_date：发票日期。
> - shopping_mall：购物中心名称。
>
> 这个数据集可以用来进行许多不同的分析，例如研究不同年龄、性别的顾客的购物行为，或者分析不同商品类别的销售情况等。如果你有特定的分析需求，可以告诉我，我会帮你进行分析。

4.5.2 分析数据

通过对数据的深入分析，我们可以从中获得有价值的信息，为决策和解决问题提供依据。数据分析可以帮助我们从大量的数据中提取有意义的信息，指导我们做出更明智的选择。

> ⒜　请帮我按高价值、中价值、低价值的顺序对顾客进行细分，并给出一些商业建议。
>
> ◎　根据顾客的消费总额，我已经将顾客分为以下 3 个等级。
>
> - High Value：消费总额大于或等于所有顾客消费总额的第 75 百分位数。
> - Medium Value：消费总额大于所有顾客消费总额的第 25 百分位数且小于所有顾客消费总额的第 75 百分位数。
> - Low Value：消费总额大于 0 且小于或等于所有顾客消费总额的第 25 百分位数。
>
> 基于顾客等级，你可以考虑以下商业建议。
>
> - High Value 顾客为你的商店提供了最多的收入，因此你需要确保他们的满意度，并尽可能地保持他们的忠诚度。你可以考虑提供一些专享优惠，或者创建一个 VIP 顾客计划，提供一些 High Value 顾客才能享受的特权，如免费送货、优先购买新产品等。
> - Medium Value 顾客的消费水平适中，你可以尝试通过营销活动和优惠促销活动提高他们的消费总额。例如，你可以提供一些购物券或折扣，以鼓励他们购买更多的商品。
> - Low Value 顾客的消费总额相对较低，你需要找出其原因，然后采取措施提高他们的消费总额。可能的策略包括提供一些 Low Value 顾客感兴趣的商品，或者提供一些价格优惠来吸引他们购买更多的商品。

> 这些只是一些基础的策略，具体的策略还需要根据你的商店的具体情况和目标来制定。

更多应用场景如下。

- 请帮我按高价值、中价值、低价值的顺序对顾客自画像进行分析，并给出一些营销建议。
- 请帮我按高价值、中价值、低价值的顺序对顾客喜好进行分析，并给出一些服务建议。
- 请帮我按高价值、中价值、低价值的顺序对顾客家庭情况进行分析，并给出一些推广建议。

4.5.3　生成图表

图表是数据分析结果的重要表现形式，它可以帮助我们更好地理解数据，并将数据的变化趋势可视化。常见的图表有以下几种类型。

- 柱状图：用于对比不同类别的数据，例如对比不同产品的销售额。
- 折线图：用于显示数据随时间或其他连续变量变化的趋势，例如，股票价格的波动。
- 饼图：用于表示各类别占总体的比例，例如，不同产品销售额占总销售额的比例。
- 散点图：用于展示两个变量之间的关系，例如，身高与体重之间的关系。
- 雷达图：用于显示多维度数据，例如，不同球员在多个技能指标上的表现。
- 热力图：用于显示二维数据的密度和分布情况，例如，气温在地图上的分布。
- 箱线图：用于展示数据的分布和离群情况，例如，不同行业的工资分布情况。

● 面积图：用于显示数据随时间变化的情况，例如，公司利润的变化趋势。

通过使用这些不同类型的图表，我们可以更形象地展示数据，更直观地了解数据的特征和变化趋势，从而做出更准确的决策和预测。数据图表是数据分析和可视化的重要工具，它帮助我们向其他人传递复杂的数据信息，并能让其他人更好地理解数据背后的故事。

Ⓐ　请用柱状图展示一下这 3 类客户的总数和平均消费金额。

我们还可以用其他图表来呈现数据。

● 请用折线图展示一下这 3 类客户的总数和平均消费金额。

● 请用饼图展示一下这 3 类客户的总数和平均消费金额。

● 请用雷达图展示一下这 3 类客户的总数和平均消费金额。

4.5.4　综合分析

本节展示一个综合分析示例。

Ⓐ　想象你是一个数据科学家，请对 prompts.csv 文件进行分析，并选择一些图表来展示分析结果。

prompts.csv

（注：prompts.csv 是 Github 上一个开源的优秀 ChatGPT 提示数据集，可以从 GitHub 下载，并上传到 Code Interpreter 中）

⑨　这个数据集包含两个字段 "act" 和 "prompt"。"act" 字段代表某个特定的动作或行为，"prompt" 字段则给出了与这个动作或行为相关的描述或说明。下一步，我们可以

查看这些字段的统计信息，例如，"act"字段中所有动作或行为的数量。然后，我们也可以使用词云展示"prompt"字段中最常出现的词语，这将有助于我们更好地理解这个数据集的内容。

"act"字段中共有 162 个不同的行为。下面是其中一些行为及其出现的数量。

- Life Coach（生活教练）：2 次。
- Linux Terminal（Linux 终端）：1 次。
- Midjourney Prompt Generator（Midjourney 提示生成器）：1 次。
- Legal Advisor（法律顾问）：1 次。
- Personal Stylist（个人造型师）：1 次。

因为类别较多，数据分散，所以我们可以尝试绘制一幅柱状图来展示出现次数排前 10 名的行为。但是请注意，由于大多数行为只出现一次，因此这幅图可能并不能提供太多信息。

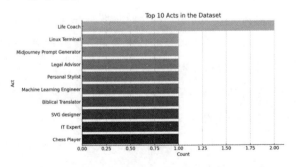

这是数据集中出现次数排前 10 名的行为的柱状图。由于大多数行为只出现一次，因此这幅图中的信息比较分散。

要对这样的文本数据进行更深入的分析，可能需要使用更复杂的自然语言处理技术，如主题模型或情感分析等，这些技术可以帮助我们更好地理解文本数据的内容和情感。

如果你想分析其他文件，只需要使用结构相同的提示。

4.5.5　分析文件并提供写作指南

本节展示如何分析文件并提供写作指南。

Ⓐ 你是 ChatGPT 提示专家，能否分析 prompts.csv 文件，总结出一个提示写作指南。

⑨ 首先，根据我们目前对 prompts.csv 文件的了解，我们可以看到每一个提示都是关于某个特定行为或角色的。每个提示都对这个行为或角色给出了详细的描述或指示。

因此，以下是我根据这个数据集为创建有效的提示提出的一些建议。

● 明确行动或角色：提示应该明确指向一个特定的行为或角色。这可以帮助读者或用户更好地理解他们应该采取的行为或扮演的角色。

● 提供具体和详细的信息：提示应该包含关于行为或角色的具体和详细的信息。例如，如果提示是关于 Linux 终端的，那么它可能会包含关于如何使用 Linux 终端的具体指导。

● 使用明确的语言：尽量避免使用含糊不清的语言。清晰、明确的表达可以帮助避免混淆，并使提示更容易理解。

- 考虑读者或用户的知识水平：创建提示时，需要考虑目标读者或用户的知识水平。例如，如果目标用户是 Linux 新手，那么关于 Linux 终端的提示就需要更详细、更基础；而如果目标用户是 Linux 专家，那么提示就可以更高级、更专业。

- 保持简洁：尽管提示需要包含足够的信息，但是过长或过于复杂的提示可能会让人感到有压力。尽可能地使提示简洁明了。

- 引导用户参与：在可能的情况下，尝试通过提问或建议行动引导用户参与。这可以帮助用户更好地参与任务，以提高他们的参与度和满意度。

这些是基本的指导原则，但请记住，最有效的提示往往需要根据具体的任务、用户和情境进行定制和调整。

通过这个提示写作指南，读者可以更好地理解如何构建有吸引力和启发性的提示。这对读者创作优质内容和培养写作兴趣都有着积极的影响。

对于其他文件，同样可以让 ChatGPT 对文件内容进行分析，并根据文件内容生成有价值的新内容。

第 5 章
生 活 助 手

5.1 旅行助手

对于每一次旅行，无论是周末的短途旅行，还是长途国际旅行，都需要进行大量的研究和规划。而这个过程可能既令人兴奋又令人感觉压力大。令人惊喜的是，使用 ChatGPT，我们可以更加轻松、有效地规划我们的旅行。

在规划旅行的过程中，ChatGPT 可以帮助我们选择和评估旅行目的地，了解当地的历史、文化和风俗，规划行程，甚至帮助我们学习一种新的语言。它可以作为我们的个人旅行顾问，随时随地为我们提供帮助。

通过学习本节内容，你将了解 ChatGPT 在旅行规划中的应用潜力，以及它如何使旅行规划变得更加轻松和有趣。无论你是热爱旅行的探险家，还是想要周末出去走走的上班族，我相信你都会在这一节中找到有用的信息和建议。

5.1.1 选择旅行目的地

旅行的魅力在于探索未知，但旅行也需要充分的准备和规划。

选择旅行目的地是旅行规划的第一步。这个过程需要考虑的因素有很多，如季节、预算、个人兴趣等。ChatGPT 可以根据你的需求和偏好，帮助你选择合适的旅行目的地。

Ⓐ　你是优秀的旅行规划师，我想今年夏天去欧洲旅行一周，只去一个国家深度游，请你推荐几个国家。

❀　当然，欧洲有很多美丽的国家，非常适合深度旅行。我推荐的国家如下。

- 意大利：历史和文化的宝库，拥有许多世界知名的景点，如罗马的斗兽场、威尼斯的水道、佛罗伦萨的乌菲齐美术馆等。此外，你还可以品尝到美味意大利菜肴和葡萄酒。

- 法国：艺术和美食的天堂。你可以在巴黎参观卢浮宫和埃菲尔铁塔，也可以前往普罗旺斯或香槟区欣赏美丽的风景和品尝美酒。

- 西班牙：拥有丰富的历史和文化，以及美丽的海滩。你可以在马德里和巴塞罗那参观博物馆和历史遗迹，也可以在安达卢西亚体验传统的弗拉明戈舞。

- 希腊：古文明的摇篮，拥有许多历史遗迹，如雅典的帕提农神庙。

- 葡萄牙：一个非常迷人的国家，拥有美丽的海滩、古老的城堡和美味的葡萄酒。你可以在里斯本和波尔图探索城市，也可以在杜罗河谷品尝葡萄酒。

以上只是几个选项，欧洲许多其他的国家也非常值得一游。你有没有特别想去的国家或者想参加的活动呢？这样我可以更具体地为你规划。

　　和 ChatGPT 继续深度对话，应该就可以找到自己心仪的目的地。

5.1.2　了解当地的历史、文化和风俗

　　每个地方都有其独特的历史、文化和风俗，深入了解这些可以使你的旅行更加有趣。ChatGPT 可以帮助你了解你的旅行目的地的历史、文化和风俗。这些信息对你选择具体的城市、景点并进一步规划行程也很有帮助。

　　无论你要去的地方是古老的城市，还是现代的都市，了解当地的历史和文化都是旅行的重要部分。ChatGPT 可以为你提供这些信息，帮助你更好地了解你的旅行目的地。每个地方都有独特的风俗，了解并尊重这些风俗是旅行者应该做的。ChatGPT 可以告诉你旅行时需要注意的礼仪和习惯，帮助你避免误会或冒犯他人。

　　虽然英语在全球范围内广泛使用，但学习并使用少量的当地语言可以使你的旅行更加有趣和愉快。ChatGPT 可以帮助你学习新的语言，或者为你提供实用的短语。

> Ⓐ　你是西班牙当地的资深旅行专家，我想了解西班牙的一些主要城市，请你介绍一下它们的历史、文化和风俗。
>
> ⓢ　当然，我很高兴向您介绍西班牙的一些主要城市以及它们的历史、文化和风俗。
>
> （生成的具体内容略）

5.1.3　行程规划

　　一旦确定了旅行目的地，就可以规划行程。我们可以询问 ChatGPT 关于目的地的旅行活动，根据自己的时间和兴趣，组织和优化行程。

> Ⓐ　你是优秀的旅行规划师，请帮我规划西班牙一周的旅行吧。

当然，西班牙是一个充满活力的国家，有很多值得一游的地方。以下是我为你规划的一周行程。

第 1 天：马德里。

抵达马德里，休息以适应时差。在晚上，可以在市区散步，欣赏灯火辉煌的城市风光，品尝西班牙传统的晚餐。

第 2 天：马德里。

在马德里，你可以参观普拉多博物馆，欣赏西班牙的经典艺术作品；可以参观皇宫，了解西班牙的历史。

第 3 天：马德里到塞哥维亚。

早上从马德里出发，乘坐火车前往塞哥维亚。在那里，你可以参观阿尔卡萨古堡。晚上返回马德里。

第 4 天：马德里到巴塞罗那。

早上从马德里乘坐火车前往巴塞罗那。抵达后，可以先去兰布拉大道散步，品尝当地的美食，然后在哥特区欣赏古老的建筑。

第 5 天：巴塞罗那。

在巴塞罗那，你可以先参观神圣家族大教堂，然后再参观古埃尔公园。

第 6 天：巴塞罗那到塞维利亚。

从巴塞罗那飞往塞维利亚。抵达后，可以参观希拉尔达大教堂。晚上，可以在老城区散步，品尝塞维利亚的美食。

第 7 天：塞维利亚。

在塞维利亚的第二天，你可以参观塞维利亚大教堂和阿拉伯城堡。

在此基础上，与 ChatGPT 继续讨论，就可以规划出比较心仪的个性化行程。

5.1.4　准备行李打包清单

旅行之前，打包行李是一件大事。对于不常出国的读者来说，一个行李打包清单能帮他节省不少脑力，避免遗漏。以下是一个用 ChatGPT 准备行李打包清单的例子。

> Ⓐ 你是优秀的旅行规划师，请帮我准备一个西班牙一周游的行李打包清单。
>
> ⑥ 当然可以，以下是一份为期一周的西班牙旅行行李打包清单。
>
> 衣物如下。
>
> - 内衣：至少 7 套。
> - 袜子：7 双。
> - 睡衣：1～2 套。
> - T 恤 / 衬衫：7 件。
> - 长裤 / 短裤：根据天气预报和活动安排，准备 3～4 条。
> - 运动鞋 / 舒适的步行鞋：1 双。
> - 适合晚宴或其他正式场合的鞋子：1 双。
> - 泳衣：1 套。
> - 外套或毛衣：1 件，因为即使在夏季，早晚的温度也可能较低。
>
> 个人护理用品如下。
>
> - 牙刷和牙膏。
> - 洗发水和沐浴露（如果酒店不提供）。

- 面部护肤产品。

- 梳子。

- 药品：晕车药、止痛药、肠胃药、创可贴等。

其他必备物品如下。

- 有效的护照和身份证件。

- 机票、酒店预订信息、旅行保险等旅行文件的纸质版和电子版。

- 信用卡和现金。

- 手机、充电器。

- 旅行指南和地图。

- 个人的一些娱乐用品，比如阅读材料、耳机等。

- 额外的塑料袋，用于装湿衣服或者其他物品。

- 旅行水壶。

这个清单基于一般的旅行需求，你可以根据自己的具体情况和喜好做出调整。

有了上面的各种信息，你可以让 ChatGPT 帮你整合所有的信息，形成一个全面的旅行参考文件。你可以使用这样的提示："你是优秀的旅行规划师，请你参考上面的对话，生成一个详细的旅行参考文件吧。"这里不再列出详细的回答，希望大家自行尝试用本节的各种提示和 ChatGPT 一起规划一次美好的旅行。

5.2　健身助手

作为一种强大的工具，ChatGPT 为健身爱好者和专业人士提供了前所未有的可能性。它不仅能够理解用户的需求，制订个性化的健身计划，还能根据用户的反馈动态调整计划，从而帮助用户提高健身效果。本节将深入探讨如何使用 ChatGPT 制订健身计划，并在执行中调整和优化健身计划。

5.2.1 制订个性化的健身计划

首先，我们需要明确健身目标，如减肥、提升耐力等。我们可以直接向 ChatGPT 描述自己的健身目标和当前的体能状况。ChatGPT 将利用自身强大的理解能力，对这些信息进行解析，并据此制订个性化的健身计划。

每个人的体能状况都不同。我们可以通过向 ChatGPT 描述过去的运动习惯、身体状况以及当前的体能水平，使其更好地理解我们的健身背景。我们也可以向 ChatGPT 提供自己的身体指标（如身高、体重、体脂率等），让它分析和理解我们当前的健康状况与健身需求。

一旦我们向 ChatGPT 描述了我们的健身需求和目标，我们就可以开始使用它来搜索和整合最佳的健身方法。例如，我们可以询问 ChatGPT 如何设计一个针对提升耐力的健身计划，或者询问 ChatGPT 特定的运动形式，如哑铃训练、有氧运动等对实现目标有何帮助。ChatGPT 将会根据我们的具体需求和目标，提供科学、合理的健身建议。

Ⓐ 你是一个优秀的健身教练，我想在两个月内减重 5kg，请你帮我制订一个健身计划，如果你需要了解我的情况，可以先问我。

⑤ 非常感谢您的信任！我很乐意帮助您制订一个健身计划，以帮助您在两个月内减重 5kg。首先，我需要了解您的基本信息和健康状况，以便我提供最有效和安全的建议。以

下是我需要的信息。

- 您的年龄、性别和身高。

- 您当前的体重。

- 您的饮食习惯。

- 您现在的运动情况（例如，您每周运动的天数，每次运动的时间，以及您通常做的运动类型）。

- 您有无任何医生建议您避免的运动，或者有无任何健康问题（例如心脏病、糖尿病、高血压等）？

- 除了减重外，您还有其他健身目标吗（例如增强力量、增加肌肉、提升心肺耐力等）？

在回答这些问题时，尽量提供详尽的信息，以便我提供最适合您的建议。请记住，任何有效的减重计划都应包括健康的饮食和适量的运动。最后，开始实施任何新的运动或饮食计划之前，建议您先咨询医生或其他医疗专业人士。

Ⓐ 好的，回答你的问题。

- 年龄 55 岁，性别男，身高 175cm。

- 体重 80kg。

- 饮食习惯还好，通常吃米饭、鱼肉、蔬菜、水果等。

- 每天有一定步行量，每周会去打几次篮球，一次一小时左右。

- 有轻度高血压，无明显症状。

- 除减重外，希望能提升精力。

Ⓢ 非常感谢您提供的信息，这对制订一个适合您的健身计划

非常有帮助。基于您的个人信息和目标，以下是我为您设计的一个健身计划。

- 有氧运动：您目前已经有一些运动习惯，这非常好。您可以将打篮球作为主要的有氧运动，尽量每周进行 3 ~ 4 次，每次持续 1h。在不打篮球的日子里，建议您每天至少进行 30min 的快步走或轻松跑步。

- 力量训练：为了增强肌肉和提升新陈代谢率，建议您每周进行两次全身力量训练。这可以包括一些基础的重量训练动作，如深蹲、硬拉、卧推等。如果您不熟悉这些动作，您可以考虑请一个专业的健身教练，或者参加一些力量训练课程。

- 伸展运动：在每次运动结束后，不要忘记进行伸展运动。这可以帮助您放松肌肉，减少疼痛，同时提高身体的灵活性。

- 饮食：您的饮食看起来已经很均衡。要达到减重的目标，您需要保证您的热量摄入量少于热量消耗量。因此，我建议您稍微减少米饭的摄入量，并增加蔬菜和粗粮的摄入量。同时，注意每餐都要有足够的蛋白质，这可以帮助您维持肌肉和增强饱腹感。

- 水分摄入：请确保每天摄入足够的水分。水分对身体的新陈代谢和能量生成都至关重要。

- 保持良好的睡眠：确保每天有足够的高质量睡眠也是非常重要的。良好的睡眠可以提高代谢水平，同时有助于控制食欲。

- 适时调整计划：您每两周可以进行一次体重或体脂率

的测量，以检查您是否进步。这可以帮助您确定是否需要调整您的健身计划。如果您在实施计划的过程中发现效果不如预期，或者感觉太疲劳，那么您可能需要对计划进行一些调整。您可以增加食物摄入量，改变运动方式，或者增加休息时间。适时的调整对于实现目标来说是非常重要的。

● 保持积极性和耐心：减重需要时间，每一次小的进步都是向目标迈进的一步。即使减重的速度没有预期那么快，也不要放弃。保持积极性和耐心，您就会看到好的结果。

请记住，虽然健身计划的目标是在两个月内减重 5kg，但最重要的是要保持健康。虽然您的目标是两个月内减重 5kg，但是每个人的身体情况都是不同的，有时候实际的减重速度可能会有所不同。关键是找到一种可持续的、健康的生活方式，而不仅仅是短期内减轻体重。健康的饮食、适量的运动以及足够的休息都是非常重要的。

最后，请在开始实施任何新的健身和饮食计划之前，向医生或其他健康专业人士寻求意见，确保计划对您是安全的。

5.2.2 动态调整和优化健身计划

制订健身计划只是第一步，如何根据实际进度和身体反应进行调整同样重要。我们可以定期向 ChatGPT 报告我们的进展和身体反应，比如肌肉疲劳程度、是否有任何疼痛或不适等。ChatGPT 可以根据这些信息，为我们的健身计划提供实时的调整和优化建议，使其始终保持最佳状态。

通过持续收集训练数据和身体反馈，ChatGPT 可以帮助我们判断是否需要调整健身计划，以便更快地实现目标。例如，如果我们的进步超出预期，ChatGPT 可能会建议增加训练的强度；如果进展缓慢，ChatGPT 可能会建议调整训练方法或者关注恢复和补充营养。

> Ⓐ 关于力量训练，我以前没有进行过，请帮我设计一个逐步提高的计划。
>
> ⑤ 非常好，我为您设计了一个初级力量训练计划，重点是帮助您的身体适应新的运动形式，同时逐步增强肌肉力量和耐力。这个计划包括一些基础的全身力量动作，需要每周进行两次。以下是这个计划的细节。
>
> 第 1～2 周：熟悉运动。
>
> ● 俯卧撑：3 组，每组 8～12 次。
>
> ● 空手深蹲：3 组，每组 15 次。
>
> ● 仰卧起坐：3 组，每组 15 次。
>
> ● 静态平板支撑：3 组，每组持续 20s。
>
> 请确保您了解每个动作的正确形式。开始时，不必强求完全完成每组的次数，只需要尽量接近，并逐渐增加。
>
> 第 3～4 周：增加负荷。
>
> ● 俯卧撑：3 组，每组 12～15 次。
>
> ● 深蹲：添加瑜伽球或哑铃，3 组，每组 12～15 次。
>
> ● 仰卧起坐：3 组，每组 20 次。
>
> ● 静态平板支撑：3 组，每组持续 30s。

第 5～6 周：进一步增加负荷。

- 俯卧撑：3 组，每组 15～20 次。
- 深蹲：增重，3 组，每组 12～15 次。
- 仰卧起坐：3 组，每组 25 次。
- 静态平板支撑：3 组，每组持续 45s。

第 7～8 周：引入新动作。

- 俯卧撑：3 组，每组 15～20 次。
- 深蹲：继续增重，3 组，每组 12～15 次。
- 仰卧起坐：3 组，每组 30 次。
- 静态平板支撑：3 组，每组持续 60s。
- 引体向上或者拉力器背部拉伸：3 组，每组 8～12 次。

在每个阶段结束时，你可以休息一到两天，让肌肉有时间恢复。同时，随着你对这些动作的熟悉程度提高，可以适当增加重量和组数。请记住，形式总比重量和次数更重要，确保你的动作准确，以降低受伤的风险。在开始实施任何新的健身和饮食计划之前，向你的医生或其他健康专业人士寻求意见，确保计划对你是安全的。

Ⓐ　请介绍深蹲和静态平板支撑的要领。

🆂　深蹲的要领如下。

- 开始姿势：站立，双脚分开，与肩同宽，脚尖微微向外；双手可以放在胸前，或者向前伸展。
- 动作过程：慢慢下蹲，好像你要坐在一把看不见的椅子上一样；保持背部直立，胸部挺起，腹部紧绷；尽量让大腿平行于地面，膝盖尽量不超过脚尖。

- 结束姿势：用腿部的力量推动身体回到站立姿势；在推动过程中，不要让膝盖内翻或外翻。

静态平板支撑的要领如下。

- 开始姿势：先趴在地上，然后用肘部支撑身体；肘部的位置应该在肩部正下方，前臂平放在地上；腿部伸直，用脚尖支撑。

- 动作过程：整个过程中，你需要保持身体在一条直线上，不要让背部拱起或者下沉；尽量让你的腹部紧绷，腹肌一直保持紧张。

- 结束姿势：保持该姿势，直到你不能维持为止。

执行这些动作的时候，要注意保持良好的姿势，这不仅可以避免受伤，还能确保训练效果。如果在执行任何动作时感到疼痛，应该立即停止，并寻求专业人士的建议。

5.2.3　搭配合理的饮食和恢复策略

成功的健身计划不仅需要运动，还需要合理的饮食和恢复策略。我们可以向 ChatGPT 询问如何优化饮食、提高睡眠质量以及实施有效的身体恢复策略（如深度拉伸、按摩或热水浴等）。ChatGPT 将提供全面的策略，帮助我们更有效地健身。

Ⓐ　关于你前面提到的伸展运动，请帮我详细设计一套动作。

⑤　很好，下面是一套简单的全身伸展运动，可以帮助您在锻炼后放松肌肉。每个动作保持 15 ～ 30s，然后换另一侧

（如果适用）。

- 颈部伸展：将头慢慢地向一侧倾斜，使耳朵朝向肩膀；用手轻轻地按压头部以增强拉伸感。

- 肩部圈转：坐直或站立，用肩膀向上、向前、向后、向下画圆圈。

- 胸部伸展：将双手放在身后，手指交叉；尽量向上伸直手臂，同时挺胸。

- 腰部伸展：站立，双脚分开，比肩宽，双手向上伸展，慢慢向左倾斜身体，感觉到腰部右侧的拉伸。

- 四肢伸展：坐在地上，一条腿伸直，另一条腿弯曲，弯曲腿的脚跟贴近臀部；上半身尽量向伸直的脚靠近，感觉到后腿肌肉的拉伸。

- 臀部伸展：坐在地上，一条腿伸直，另一条腿越过伸直的腿，脚踝放在伸直腿的膝盖上方；上半身轻轻地向前倾，感觉到臀部和大腿后侧的拉伸。

- 腿后侧伸展：站立，一只脚向前踏出一步，脚跟着地，脚尖向上，另一条腿膝盖微屈；向前倾身，尽量让肚子靠近大腿，感觉到前腿后侧的拉伸。

- 四头肌伸展：站立，用一只手抓住同侧腿的脚踝，该侧膝盖贴近另一条腿；尽量将脚踝拉向臀部，感觉到大腿前侧的拉伸。

每次锻炼结束后，都可以进行这套伸展运动。这有助于您的身体恢复，并且可以增强身体的柔韧性。如果您感觉到任何疼痛或不适，应立即停止，并寻求专业人士的建议。

Ⓐ 你是睡眠管理专家，请给我一些提高睡眠质量的建议。

⟳ 提高睡眠质量是维持健康和能量的重要手段。以下是一些可以帮助你提高睡眠质量的建议。

- 保持一致的睡眠模式：尽量在同一时间上床睡觉，在同一时间起床，即使在周末。这有助于调整你的生物钟，并可以让你更好地入睡。

- 创建一个良好的睡眠环境：尝试使用耳塞、眼罩等工具，以创造一个舒适的睡眠环境。

- 限制日间小睡：如果你有晚上睡不好的问题，尝试缩短日间小睡的时间。

- 增加身体活动：定期的身体活动可以帮助你晚上更好地入睡，但是不要在睡前一两个小时内进行剧烈运动。

- 管理压力和焦虑情绪：进行冥想，深呼吸，进行渐进性的肌肉放松；寻求专业帮助可能是必要的。

- 避免摄入过多的咖啡因和酒精：咖啡因和酒精都会干扰正常的睡眠，尽量避免在晚上或睡前饮用。

- 控制饮食：避免在临睡前吃大餐。如果你晚上饿了，可以吃一些小的、健康的零食。

- 睡前避免使用电子设备：在睡前 1 小时内避免使用电子设备，如电视、电脑、手机等；蓝光会干扰你的生物钟，影响你的睡眠。

每个人对这些策略的反应可能会有所不同。有些策略可能对你有用，而有些可能没什么效果。关键是要找出最适合你的策略。如果你的睡眠问题持续存在，最好寻求医生或睡眠专家的建议。

通过前文的讨论和案例分析，我们看到了 ChatGPT 在帮助我们理解个人健身需求、制订和调整健身计划以及提高健身效率等方面的巨大价值。作为一个 AI 助手，它可以提供大量的支持，即时响应用户的需求。

5.3　购物助手

在当今的数字化世界中，购物已经变得越来越复杂。无论你是在寻找一双新的跑步鞋，还是在比较不同品牌的产品，你都可能会被无数的选择和信息所淹没。幸运的是，有了 ChatGPT，你的购物体验可以变得更加轻松和愉快。作为一个先进的 AI 模型，ChatGPT 可以成为你的个人购物顾问，帮助你在海量的产品中找到最适合你的那一款。

5.3.1　产品知识拓展

如果你对某种产品了解不多，可以先用 ChatGPT 拓展自己的知识，了解购买某种产品时需要考虑的关键特性。

> Ⓐ 你是购买跑步鞋的专家，购买跑步鞋时需要考虑哪些关键特性?
>
> ⑨ 在购买跑步鞋时，你需要考虑以下关键特性。
>
> - 适合性：每个人的脚都是独一无二的，所以选择一款适合你的脚的跑步鞋是非常重要的。例如，如果你的脚是平足，你可能需要一款有良好支撑性的跑步鞋。
> - 舒适度：选择跑步鞋时应考虑的关键因素。你需要确保鞋子在你跑步时既不会太紧，也不会太松。此外，

鞋子的内部材料也应该是透气的，以保持你的脚部干燥。

- 缓震性：帮助减少跑步对你的关节和肌肉的冲击。这对于长距离跑步者来说尤其重要。

- 耐用性：你应该选择一款耐用的跑步鞋，以确保它能够经受住你的跑步训练。你可以通过查看鞋底的材料和设计判断鞋子的耐用性。

- 轻便性：轻便的跑步鞋可以帮助你更轻松地跑步；然而，一些轻便的鞋子可能在缓震性和支撑性上做出了妥协，所以你需要找到一个适合你的平衡点。

- 抓地力：如果你经常在湿滑或者崎岖的地面上跑步，你需要一款有良好抓地力的跑步鞋。

- 价格：虽然价格不应该是你选择跑步鞋时唯一考虑的因素，但它仍然是一个重要的因素；你应该找到一款既符合你的预算又能满足你的需求的跑步鞋。

以上就是购买跑步鞋时需要考虑的一些关键特性。记住，每个人的需求都是不同的，所以你需要根据你自己的需求选择最适合你的跑步鞋。

Ⓐ 关于跑步鞋的透气性和抓地力，请给出更详细的说明，并指导我买鞋时如何判断。

透气性是跑步鞋的一个重要特性，它可以帮助保持你的脚部干燥和舒适。当你跑步时，你的脚部会产生大量的热量，如果鞋子不透气，这些热量就无法散发出去，可能会导致脚部过热，甚至产生水泡。

透气性好的跑步鞋通常使用轻质、透气的材料，如网眼布

或者一些特殊的透气织物。在购买跑步鞋时，你可以检查
鞋子的材料和设计。如果鞋子上有大量的网眼或者通风孔，
那么它可能具有良好的透气性。

抓地力是跑步鞋的另一个重要特性，它可以帮助你在各种
地面上保持稳定。如果你经常在湿滑或者崎岖的地面上跑
步，你需要一款有良好抓地力的跑步鞋。

抓地力好的跑步鞋通常有粗糙的鞋底和很深的鞋底纹理。
这些设计可以让鞋子在各种地面上都能有良好的抓握力。
在购买跑步鞋时，你可以检查鞋底的设计和材料。如果鞋
底有很深的纹理，并且材料看起来很耐磨，那么这款鞋可
能具有良好的抓地力。

总的来说，透气性和抓地力都是跑步鞋的重要特性，你需
要根据你的跑步习惯和环境选择最适合你的跑步鞋。

Ⓐ　你是跑步鞋选购的专家，请帮我介绍一下跑步鞋的组成部分。

✺　跑步鞋主要由以下几个部分组成。

- 鞋面：包裹住脚的部分，通常由轻质、透气的材料制成，
  如网眼布或合成皮革；鞋面的设计可以影响鞋子的透
  气性、舒适度和外观。

- 鞋带：用于调整鞋子的松紧，以确保鞋子能够稳定地
  包裹住脚。

- 鞋舌：位于鞋面和鞋带之间，可以提供额外的保护。

- 鞋垫：鞋子内部的垫层，可以提供额外的缓震作用；
  一些鞋垫还可以移除和替换，以满足不同的需求。

- 中底：鞋子的主要缓震部分，通常由 EVA（乙烯 - 醋

酸乙烯共聚物）或 PU（聚氨酯）等材料制成。中底的
设计可以影响鞋子的缓震性、稳定性和重量。

- 外底：鞋子的底部，直接接触地面；外底通常由硬质
  的橡胶制成，以提供抓地力和耐磨性。

- 鞋跟：其设计可以影响鞋子的稳定性和缓震性。一些
  跑步鞋在鞋跟部分有额外的缓震材料，以减少跑步对
  脚跟的冲击。

- 鞋头：包裹住脚趾的部分，应该有足够的空间让脚趾
  可以自然地展开。

5.3.2　产品推荐

基于渊博的知识面，ChatGPT 非常适合做产品推荐。假设你想要购
买一双新的跑步鞋，但你不确定应该选择哪一款。你可以问 ChatGPT：
"我需要一双新的跑步鞋，你可以给我推荐几款吗？" ChatGPT 会根
据你的需求，提供一些可能的选项。例如，它可能会推荐一些知名品
牌的跑步鞋，或者根据你的运动习惯推荐一些特定类型的跑步鞋。你
也可以询问更具体的问题，例如："稳定的跑步鞋和极简的跑步鞋之
间的区别是什么？""2024 年最受欢迎的跑步鞋是哪款？""你能推
荐一款适合平足者的跑步鞋吗？"

Ⓐ　你是跑步鞋方面的专家，我需要一双新的跑步鞋，你可以
　　给我推荐几款吗？

⑨　选择跑步鞋需要考虑以下几个因素。

- 你的跑步风格：比如，确定你是前脚掌跑者还是后脚
  跟跑者，选择的鞋子应当有适当的缓震性能来支撑你

的跑步方式。

- 你的足型：可能是平足、正常足或高弓足，对于每种足型，适合的跑步鞋不同。

- 你跑步的地面类型：如果你在公路上跑步，你可能需要轻便、缓冲性能够强的鞋子；对于越野跑，你可能需要有更强的抓地力和保护性的鞋子。

- 你的跑步量：如果你每周的跑步量很大，你可能需要耐用性更好、缓冲性能更强的鞋子。

根据这些因素，以下是一些我推荐的跑步鞋。

（具体生成内容略）

但是，最重要的是试穿不同的鞋子，找到最适合自己的那一款。

5.3.3　产品比较

当你有了一些可能的选项后，ChatGPT 可以帮你对其进行比较。ChatGPT 将会从多个角度（包括它们的特性、价格等）进行产品的比较。

Ⓐ 请帮我比较 Adidas Ultraboost 和 Hoka One One Bondi。

⑨ 很高兴你对 Adidas Ultraboost（下称 Ultraboost）和 Hoka One One Bondi（下称 Bondi）这两款鞋感兴趣。以下是对这两款鞋的比较。

Ultraboost 的特点如下。

- 舒适性: Ultraboost 以其出色的舒适性和缓冲性能闻名，其特有的 Boost 中底材料具有优良的能量回馈和冲击吸收能力。

- 设计：Ultraboost 设计时尚，既可以作为跑步鞋，也可以作为日常休闲鞋。

- 性能：Ultraboost 适用于多种跑步情况，包括长距离跑步和间歇性疾跑训练；然而，如果你需要额外的稳定性或有特定的足型（如平足或高弓足），Ultraboost 可能不是最佳选择。

- 耐用性：虽然耐用性可能因人而异，但有些用户报告 Ultraboost 的耐用性比其他跑步鞋稍逊一筹。

Bondi 的特点如下。

- 舒适性：Bondi 是市面上缓冲效果最佳的跑步鞋之一；对于需要额外缓冲或长距离跑步的人来说，这款鞋是一个好选择。

- 设计：Bondi 的设计以功能为主，它的外底比一般的跑步鞋的要厚，这样可以提供更多的缓冲；然而，这可能使它在日常休闲场合中的适用性不如 Ultraboost。

- 性能：Bondi 具有优良的稳定性和支撑性，尤其适合长距离跑步和有特定足型的跑步者。

- 耐用性：Bondi 的耐用性非常好，尤其是在长距离跑步中。

总的来说，两款鞋子都具有很好的舒适性和缓冲性，但在设计、功能和耐用性方面有所不同。Ultraboost 更偏重设计和多功能性，适合多种跑步场合和日常穿着。Bondi 则更注重缓冲性能和稳定性，适合长距离跑步和有特定足型的跑步者。

5.3.4　收集价格和用户评价

除了产品的特性外，我们通常需要进一步收集价格和用户评价信息，作为我们最终决策的参考。这时候可以打开 GPT-4 的联网功能，让 ChatGPT 帮助我们收集这些信息。

当你找到一款喜欢的跑步鞋后，你可能会想要比较不同商店的价格。你可以问 ChatGPT："Asics Gel-Nimbus 在哪里买最便宜？"虽然 ChatGPT 不能提供实时的价格信息，但它可以告诉你如何找到这些信息，例如，为你推荐一些比价网站或者告诉你如何使用搜索引擎找到最低价格。

了解其他用户的产品评价是购物过程中的一个重要步骤。你可以问 ChatGPT："Asics Gel-Nimbus 的用户评价如何？"ChatGPT 可以帮你总结用户评价，让你更好地了解产品的优点和缺点。

当然，对于像跑步鞋这样的产品，最好在现场试穿，根据自己的感受，确定最终购买的产品。

Ⓐ　请帮我收集整理 Adidas Ultraboost 21 的用户评价。

⑨　关于 Adidas Ultraboost 的用户评价，我已经找到了一些信息。

从"什么值得买"网站的一篇文章中，我发现了以下评价。

- Adidas UltraBoost 21 的中底很软且有弹性，穿着非常舒适。

- 在较软的塑胶跑道上跑步时，鞋底非常软。但在较硬的路面上跑步时，鞋底软硬正好，缓冲明显。

- Adidas UltraBoost 21 的中底加厚了，加上 LEP 系统

设计，使其更适合跑步，特别适合平时的有氧配速训练。

- Adidas UltraBoost 21 不仅适合跑步，还适合平时的休闲生活，如上街购物、公园散步、简单的室内运动。

从 Running Shoes Guru 英文网站上，我找到了关于 Adidas Ultraboost 22 的评价，这虽然不是您想要的版本，但可能对您有所帮助。

- Adidas Ultraboost 22 比 21 版本更轻。
- 鞋面舒适，耐用性和稳定性都很好。
- 然而，它非常昂贵，后跟部分较松，而且有点笨重。

由于我在寻找中文评价时遇到了一些挑战，我将尝试从其他来源找到更多的中文评价。如果您对英文评价也感兴趣，我可以继续提供这些信息。

Ⓐ 请帮我收集整理 Hoka One One Bondi 的用户评价。

Ⓢ 在 Zappos 英文网站上找到的关于 Hoka One One Bondi 的用户评价大致如下。

- 许多用户表示这款鞋非常舒适，特别是对于脚部有问题或受过伤的人来说，这款鞋可以提供足够的支持和舒适度。
- 一些用户表示在工作时穿着 Hoka One One Bondi，如护士和快递员通常需要在一天中长时间站立和走动，他们发现这款鞋非常舒适。
- 有些用户表示这款鞋没有他们想象中那么舒适，他们觉得它和其他的运动鞋没有太大的区别。

● 有用户认为这款鞋过于昂贵，对于他们来说，这款鞋的舒适性不够。

我尝试在中文网站上寻找 Hoka One One Bondi 的用户评价，但是没能找到任何相关信息。由于时间限制，我没有机会在更多的网站上查找这款鞋的中文评价。如果你需要更多的信息，我建议你在其他中文网站或者社交媒体平台上寻找用户评价。

5.4　教练

ChatGPT 可以成为你人生路上贴心的教练。关于生活中任何需要咨询的议题，你可以请教 ChatGPT。

以下模拟了一位被裁员者和 ChatGPT 的对话。首先在提示中给出设定，"你是专家级教练"，然后说出问题。

↘ 提示

你是专家级教练，我从企业高管岗位被裁员后，一时无法适应，面临重大变故，人生需要调整方向，请你辅导我走出困境。

与 ChatGPT 的对话可以层层递进，从简单的说明开始。先看 ChatGPT 给了什么回答。

我很理解你现在的处境，被裁员是生活中一个重大的变化，这可能会给你带来许多压力和不确定性。但请记住，这也是一个机会，一个探索新的可能性、新方向的机会。我将尽力帮助你渡过这个难关。以下是一些可能对你有帮助的建议。

- **休息和反思**：让自己适应这个变化，找时间放松，避免立刻做出决定；这也是一个反思的机会，你可以思考你的职业生涯，你的优点，你喜欢什么，你不喜欢什么，什么样的工作环境能让你更有活力，你的长期职业目标是什么，等等。

- **自我评估**：进行深入的自我评估可以帮助你确定接下来的职业方向。进行自我评估需要考虑你的技能、兴趣、价值观和个人目标。你可能需要咨询一位职业咨询顾问，或者使用一些在线工具和测试完成这个评估。

- **提升技能**：你可能需要更新或提升你的技能以适应新的职业目标；你可以参加研讨会、网络课程，或者接受进一步的教育来提升你的技能。

- **建立网络**：与你的同行、朋友、家人和以前的同事联系，告诉他们你正在寻找新的工作机会；你可以参加业内活动或会议，或者在社交媒体上建立更广泛的社交网络。

- **开始寻找**：一旦你确定你想要寻找的工作类型，就需要开始积极地申请；维持一种积极和坚韧的心态至关重要，因为寻找新工作可能需要一些时间。

这是一个挑战，但请记住，你并不孤单。你有你的技能、你的经验、你的决心，还有我为你提供的帮助。这可能是一个适合你转变方向、探索新机会的好时机。希望这些建议能对你有所帮助，如果你有任何问题或需要更具体的建议，请随时告诉我。

在做出同理表达之后，ChatGPT 给出了 5 条建议。这 5 条建议中既有思考点，也有行动点。你可以根据这个清单，对照自己的状态，发现自己关注了哪些，忽略了哪些。

接下来，就自己面对的问题做更加清晰的描述，这时候要描述真实的场景、真实的感受。

↘ 提示

在裁员的时候，公司的做法不够人性化，尤其是我已经服务公司很多年，我在感情上接受不了，获得的补偿也不足，双方无法达成共识。我现在做什么事情都提不起劲儿，心里觉得委屈，我该怎么办？

我们模拟了一个让人不太愉悦的场景——公司裁员，被裁员者未被恰当安抚，产生了很多负面情绪，请看 ChatGPT 如何解决这样的问题。

> 我能理解你的心情，这是一个非常困难和情绪化的时期。你的感受是正常的。丧失工作，尤其是在长时间为一个公司工作后，可能会让人产生失落、愤怒和恐惧等情绪。接下来，我将提供一些可能的建议，帮助你管理你的情绪，合理地处理这种情况，并朝着积极的方向前进。
>
> - 允许自己有情绪：被裁员会造成情绪上的创伤，它可能会引发很多负面情绪，如愤怒、恐惧、担忧、悲伤或失望；这些都是正常的反应，不要抑制或忽视它们，承认和接受这些情绪是治愈的第一步。
>
> - 寻找支持：在这个困难的时期，寻求亲友、专业心理咨询师的支持很重要；分享你的感受和经历，会帮助你缓解情绪压力。
>
> - 保持健康的生活方式：定期运动，保持健康饮食，保持

良好的睡眠，避免过度依赖酒精或其他物质来缓解痛苦；照顾好自己的身体可以帮助你更好地管理你的情绪。

- 保持正念：这意味着活在当下，接受当前的现实，而不是陷入过去的痛苦或对未来的恐惧中；试一试冥想、瑜伽或呼吸练习等放松技巧。

- 寻求法律援助：如果你认为你被裁员不公平，或者补偿不足，你可以寻求法律援助。一位劳工律师可以为你提供专业的建议，并帮助你了解你的权利。

- 寻找新的目标：尽管现在可能难以接受，但这可能是一个新的机会；当你准备好的时候，你应该开始考虑你的下一步。你想要做什么？你有什么梦想或者目标？利用这段时间去探索新的职业道路。

这无疑是一个非常艰难的时期，但请记住，困难是暂时的。接受变化，尽管这很痛苦，但最终能帮助你找到新的道路和可能性。

到这里，我们可以看到 ChatGPT 给出的是框架性的建议。这些建议会对人产生一定的支持作用，但可行性不强。

↘ 提示

请你给我一些引导性的问题，帮助我做自我梳理。

当我们开始让 ChatGPT 向我们提问的时候，我们就不再把它当作搜索引擎，而把它当作对话者。

> 我很高兴你已经准备好开始自我反思和探索。以下是一些引导性的问题，你可以通过回答这些问题更好地了解自己，以及你可能希望探索的方向。

- 你最重视什么？你的生活目标是什么？你在职业生涯
  中最看重什么？你是否看重工作与生活的平衡？你是
  否在意薪资和福利、工作的满足感以及成长的机会？
  这些目标与你在前公司的经历有何不同？

- 你觉得自己最擅长什么？你的关键技能是什么？在你
  的职业生涯中，哪些成就让你最自豪？这些能力或经
  验在未来的工作中能如何帮助你？

- 你对什么最有热情？如果工资和职位不是问题，你最
  想做什么工作？有没有什么是你一直想尝试但是一直
  没有机会做的事情？

- 你理想的工作环境是什么样的？你更喜欢独立工作还
  是团队工作？你更喜欢静态的工作环境还是经常变化
  的工作环境？

- 你希望你的职业发展路径是什么样的？你想要在哪些
  领域拓展你的技能和知识？你是否对创业或者转行感
  兴趣？

- 你如何应对压力和挑战？在困难面前，你通常是如
  何应对的？如何提升自己的抗压能力和适应变化的
  能力？

回答这些问题可以帮助你更好地了解自己的需求、优势
和目标，从而为下一步的职业规划提供指导。记住，这
个过程可能需要一定的时间，并可能需要你不断地自我
反思和调整。希望这些问题能帮助你，如果你在这个过
程中需要任何帮助，或者想要分享你的想法和发现，请
随时告诉我。

ChatGPT 给出了多个问题。你可以选择其中的一个方面继续诉说。

↘ 提示

我有一种无力感，虽然已经离开了之前的工作，但是我打不起精神来开始新的篇章。我不知道如何面对家人，好像已经习惯了有一份稳定体面的工作，生活发生这么大的变化，我无法预料还会发生什么，心中总有一种不安全感。

🟢 我非常理解你的感受。面临职业生涯的重大变化，尤其是在你投入大量时间和精力的地方结束时，会产生深深的不安全感和无力感。这是一段艰难的时期，你可能会感到不知所措。这里有一些建议可能会对你有所帮助。

- 承认你的感受：失去工作是一个重大的变化，它会带来情绪的起伏，这是完全正常的；把你的感受视为你当前经历的一部分，而不是尝试避免或压制它们。

- 寻求社会支持：现在是需要寻求社会支持的重要时刻；你可以和亲友、前同事或心理咨询师分享你的感受，也可以寻找一些失业者的支持小组，那里的人可能正在经历类似的事情。

- 保持身心健康：养成良好的生活习惯，如规律作息、均衡饮食、定期锻炼，这些都对你的情绪管理和身心健康有利；深呼吸、冥想和瑜伽等放松活动可能会对缓解压力有所帮助。

- 制订计划：尽管你可能无法完全预测未来，但制订一个基本的计划可能会帮助你增强掌控感。制订计划时需要考虑你在接下来的几个月内想要完成的任务，包括职业咨询、技能提升、求职以及面试等。

- 与家人沟通：与你的家人分享你的经历和感受。他们可能对你的情况有所误解，可能不完全理解你的压力和你面临的挑战；与家人坦诚地对话可能会帮助他们更好地理解你，从而让他们为你提供更有效的支持。
- 以积极的眼光看待此次变故：失业虽然带来了压力和不确定性，但也为你提供了探索新职业道路的机会；也许现在就是你改变工作领域、学习新技能或甚至创业的好时机。

记住，你不是独自面对这个问题，有许多人愿意帮助你。即使这是一段困难的时段，你也有能力度过，进入生活的新篇章。你已经做得很好了，继续向前看，保持开放和积极的心态。如果你需要更多帮助，我可以为你提供支持。

↘提示

请将上面的建议改写成一位教练推心置腹的发言，既要表现出同理心，又要有忠告。

🔵 我完全理解你现在的感觉，这绝对是个挑战。你已经习惯了某种生活方式，有稳定的工作、一个确定的身份，而现在这一切都发生了改变。这种变化使人害怕，这种害怕是真实的，是人之常情。

首先，你需要给自己一些时间去适应现实，允许自己感到难过和不安，因为这是人性的一部分，是人面对困难和挑战时的正常反应。

同时，也要找到一些可以依靠的人。他们可能是你的亲人、朋友，或者专业的心理咨询师。他们可以让你在这个过程中不感到孤独。你可以和他们分享你的感受，寻求他们的理解和支持。

身体健康也是非常重要的。在这个困难的时期，你要确保有足够的休息、均衡的饮食、定期的运动。这些都可以帮助你更好地应对压力。

要知道，即使生活的基础发生了改变，你也有控制自己生活的能力。你可以制订一个计划，确定你接下来要做什么。这个计划可以包括寻找新的工作，也可以包括学习新的技能，或者进行自我提升。有了这个计划，你就会有一个明确的方向，知道自己接下来该做什么。

在和家人的交流中，诚实和开放非常重要。你可以和他们分享你的困扰，也可以听听他们的建议。记住，他们关心你，愿意帮助你。

最后，我想告诉你，这虽然是一个困难的时期，但也是一个机会。你有机会重新审视自己的生活，思考你真正想要什么，然后朝着那个方向前进。你有能力度过这个时期，我相信你的未来依然充满无限可能。

↘提示

如果你是我，你会如何向 ChatGPT 提问？

如果我是你，可能会这样提问。

- 我现在的情绪很低落，有什么调整心情的建议吗？
- 我现在面临工作变动，需要重新规划职业道路，可以给我一些关于如何制订有效职业规划的建议吗？

- 如何应对失业带来的心理压力？
- 我担心未来的不确定性，怎样提升我对未来的信心？
- 我如何向家人解释我现在的状况？
- 有没有一些具体的行动步骤可以帮助我走出这个困境？

这些问题将会帮助你找到处理现状以及向前看的具体方法和策略。同时，ChatGPT 也会提供一些心理支持，帮助你处理和释放情绪。

选择其中的问题，进一步探索。

↘ 提示

如何处理我当前的愤怒和失望情绪？

处理愤怒和失望的情绪可能需要一些时间与技巧。以下是一些可能对你有所帮助的建议。

- 承认并接受你的情绪：承认并接受你的愤怒和失望情绪。这些情绪是正常的，你有权利感受它们。你可以通过写日记或者向一个信任的人倾诉分享你的感受，这可以帮助你理解并处理这些情绪。

- 寻求专业帮助：如果你发现自己难以处理这些情绪，可以考虑寻求心理咨询师的帮助。他们可以提供一些技巧和策略，帮助你更有效地处理这些情绪。

- 学习和练习冥想：冥想不仅可以帮助你更好地了解你的情绪，还可以帮助你学会把注意力集中在当下，而不是集中在过去的事情或者未来的担忧上。

- 寻找释放情绪的方式：找一种或者几种可以释放情绪的方式。这可以是跑步、打拳、做瑜伽、绘画、写作或者其他可以帮助你释放情绪的活动。

- 寻找新的职业目标：重新审视你的职业生涯，寻找新的职业目标。当你开始专注于新的职业目标时，你可能会发现你对过去的愤怒和失望的情绪会逐渐减少。

- 原谅和释放：虽然这可能需要一些时间，但是你需要尝试原谅你的前公司，并释放那些负面情绪。记住，原谅并不意味着你同意他们的行为，而是你为了自己的幸福和未来而选择放下。

这是一个过程，需要一些时间，你要有耐心。同时，如果你需要进一步的帮助，可以随时找我。

↘ 提示

我担心未来的不确定性，怎样提升我对未来的信心？

面对未来的不确定性，许多人会感到恐惧和焦虑。以下是一些可以帮助你提升对未来的信心的建议。

- 制订计划：虽然我们无法控制未来的所有情况，但我们可以通过制订计划应对可能发生的情况。如果你在寻找新工作，你可以制订一个计划，包括更新你的简历，找出你想要申请的公司和职位，以及准备面试等。这将使你对未来有更多的掌控感。

- 培养适应能力：适应能力是让你在不确定的环境中保持稳定的关键。通过学习新的技能，保持开放的心态，以及保持良好的心理和身体健康，你可以提高自己的适应能力。

- 建立社会支持网络：朋友、家人和同事都可以为你提供情感和实际的支持。在面对困难的时候，他们可以为你提供帮助，给你力量。

- 专注于积极的事情：虽然你正在经历一段困难的时期，但也有很多积极的事情发生。这可能是你的个人生活中的事情，或者是你在寻找新工作的过程中的一些小进步。专注于这些积极的事情，可以帮助你提升对未来的信心。

- 学会自我慰藉：找出那些可以让你放松的事情，并把它们纳入你的日常生活。它们可能是散步、阅读、冥想、瑜伽，或者其他任何你觉得对你有帮助的事情。

- 向专业人士寻求帮助：如果你发现自己无法管理焦虑情绪，或者你的焦虑情绪正在影响你的生活质量，那么寻求专业的心理健康支持是非常重要的。心理咨询师可以帮助你处理焦虑情绪，并给你提供处理焦虑情绪的工具和策略。

记住，面对不确定性时产生恐惧情绪是正常的。这需要时间和耐心来处理，但请相信，你有能力和资源去适应这些改变，并为自己创造一个满意的未来。

　　ChatGPT 可以扮演你贴心的教练，它在思维的整体性和结构性上具有优势，可以帮助你全面评估自己的状态。

第 6 章
用 ChatGPT 打造个人品牌

在信息大爆炸的今天,个人品牌的重要性日益凸显。不论你是自由职业者、企业家,还是行业专家,拥有一个强大且独特的个人品牌,已成为职业成功和提升影响力的关键。然而,在如此庞杂的信息洪流中,如何高效地打造并管理个人品牌,仍然是许多人面临的挑战。

随着人工智能(AI)技术的迅速发展,尤其是 ChatGPT 的出现让个人品牌的构建迎来了前所未有的机遇。AI 不仅极大提升了内容创作、数据分析和运营管理的效率,还能生成高质量、个性化的内容,帮助你在竞争激烈的市场中脱颖而出。ChatGPT 的智能分析能力使你能够深入理解目标受众,优化品牌传播策略,从而让品牌表达更具吸引力和影响力。

成功的个人品牌不仅是职业生涯的资产,还会提升你在公众视野中的影响力。本章将详细解析 ChatGPT 在个人品牌建设中的应用与优势,并通过实际案例展示 AI 如何在从内容创作到市场推广的全过程中助力你的品牌发展。

在正式开始之前,我们先要清晰地知道用好 ChatGPT 的关键是和 ChatGPT 达成共识,同时理解透第 1 章介绍的 CRISPE。在本章中,主要运用 CRISPE 来撰写相关提示词。

6.1 定模式:确定个人品牌变现模式

在打造个人品牌的过程中,变现模式的确定是关键的第一步。一个清晰且可行的变现模式能够为个人品牌的构建指引方向，并直接影响后续内容创作、人设定位和市场推广的策略选择。具体的变现路径不仅可以明确品牌的盈利要点，还能够帮助你有效分配资源，实现品牌的可持续发展。本节将深入探讨如何确定个人品牌的变现模式。

6.1.1　未来 5 年内中小企业的最优变现模式

在全球范围内，个人品牌的变现模式随着技术和市场需求的变化不断演进。目前市面上有很多成熟的模式，如咨询服务、电子商务、直播带货、项目招商等。随着 AI 时代的到来，传统的变现模式很难满足市场发展的要求，为帮助品牌主在激烈的市场竞争中脱颖而出，我们提出了以客户为中心的个人品牌"**AI 三级火箭**"变现模式：1 级火箭是"公域传播与吸粉"，2 级火箭是"私域成交与裂变"，3 级火箭是"线下地域体验与留存"。各级火箭相互独立，又可协同运作，在时机成熟时可以 1 级、2 级、3 级火箭联动，通过线下连锁企业放大企业品牌。

1 级火箭的相关信息如下。

- 核心定位：品牌传播和吸粉。
- 工作原理：在公域媒体（如短视频平台）上，品牌主结合 AI，通过创作高质量内容进行广泛传播。通过持续输出与品牌价值一致的内容，品牌主可以迅速积累粉丝，并在短时间内提升品牌知名度。
- 优势：快速、低成本地吸引大量粉丝，提升品牌知名度。
- 挑战：持续创作高质量内容需要投入大量时间和资源，且内容质量必须保持一致，以确保吸引力。
- AI 优化：通过 ChatGPT、豆包、文心一言、通义千问等 AI 工具，结合品牌定位，批量完成内容策划、内容创作、内容发布等工作，最大限度地降低人力成本，提高传播和吸粉效率。

2 级火箭的相关信息如下。

- 核心定位：私域成交和裂变。

- 工作原理：通过"吸粉主张"（如超级赠品、优惠券等），将公域流量引入私域流量池（如企业微信号、个人微信号等）。在私域中，通过内容耕耘建立信任，发布价值产品预售信息、限时优惠和独家内容等，提升用户的复购率和裂变效果。

- 优势：通过私域流量运营能够实现与用户的深度沟通，提升用户忠诚度和终身价值。

- 挑战：私域流量的管理和运营需要长期的精细化操作，如何确保用户的持续参与度？

- AI 优化：通过 AI 工具，生成个性化的用户互动内容，分析用户行为数据，并优化运营策略，以提高用户的成交率、复购率和裂变效果。

3 级火箭的相关信息如下。

- 核心定位：线下实体（地域）体验、客户留存及连锁放大。

- 工作原理：当私域用户达到一定规模后，品牌主可以通过开设线下体验店或创造其他线下体验场景，结合 AI 工具，进一步增强用户体验感和对品牌的信任。通过线下体验，用户能够亲身体验品牌的产品或服务，增加品牌的可信度和黏性，在适合时机可通过连锁店放大。

- 优势：线下体验能够大大增强用户的品牌黏性，提升品牌的市场地位。

- 挑战：线下体验店的运营成本较高，且需要具备优秀的管理能力和用户服务水平，如何用 AI 优化流程，提高效率、降低成本？

- AI 优化：通过 AI 工具生成用户反馈分析报告，优化线下体验店的服务流程和用户体验，提升用户满意度和留存率。

通过整合个人品牌"AI 三级火箭"变现模式形成一个完整且高效的新商业闭环。这一模式不仅适用于个人品牌，还在中小企业的品牌建设和市场拓展中展示了强大的实用性和长远价值。通过合理运用 ChatGPT 等工具，品牌主能够进一步优化这一模式的每一个环节，在未来 3 ～ 5 年内实现显著的市场增长。

6.1.2　案例介绍："有心姐姐"个人品牌案例[①]

"有心姐姐"是一位从事餐饮服务多年的行业专家，她的品牌故事是个人品牌"AI 三级火箭"变现模式的经典案例。在这个案例中，我们将详细展示"有心姐姐"如何使用人工智能工具，成功构建一个强大且可持续的个人品牌。

1. 公域传播与吸粉

背景如下。

"有心姐姐"最初通过抖音、视频号等短视频平台开始了她的品牌建设。她的内容创作主要围绕健康美食和高品质生活开展，这与她从事餐饮行业多年的背景高度契合。通过分享她的专业经验和对生活的热爱，她迅速吸引了大量粉丝。

实施过程如下。

在公域传播阶段，"有心姐姐"利用短视频平台的广泛影响力，发布了大量优质的内容，这些内容不仅展示了她的专业技能，还传递了她热爱生活、喜欢美食的品牌价值。她的视频内容涉及企业文化、食谱分享以及她对餐饮行业趋势的独到见解等。通过这些内容，她成功地塑造了一个真实且可信的"有心姐姐"形象，并迅速积累了几十万粉丝。

① 本案例涉及的名字、数据等信息都是化名。

关键策略如下。

● 高质量内容制作：每个视频都经过精心设计和拍摄，以确保内容的视觉吸引力和专业性。

● 品牌一致性：所有内容都围绕她的品牌核心价值展开，确保品牌信息的一致性。

2. 私域成交与裂变

背景如下。

"有心姐姐"在积累了一定的公域流量后，开始将那些价值观类似、真正有需求的粉丝引流至私域流量池，和客户建立更加可信的关系，增强客户黏性，以实现更高效的深度用户管理和营销转化。

实施过程如下。

通过赠送超级赠品、价值优惠券等活动，"有心姐姐"将大量公域粉丝引流至她的企业微信和个人微信及社群等私域流量池。进入私域后，她通过公众号、朋友圈、社群等发布产品上新体验、新品溯源、健康食谱、生活小技巧以及独家优惠等内容，进一步提高了用户的参与度。她还结合小程序发布预售信息，通过限时优惠和会员特权等方式，大大提升了用户的复购率，最大限度地给粉丝和用户带来价值。

关键策略如下。

● 私域流量池建设：通过提供独家内容和服务，将公域粉丝转化为私域粉丝。

● 精细化运营：通过个性化沟通和精细化运营策略，提升用户的忠诚度和复购率。.

3. 线下地域体验与留存

背景如下。

　　随着私域流量池的扩大,"有心姐姐"开始将公域和私域线上流量引至线下,通过真实的互动和体验进一步增强品牌影响力和用户黏性。

　　实施过程如下。

　　"有心姐姐"基于粉丝在多个城市开设了线下体验店,让用户能够亲身体验她所推崇的高品质的产品和线下餐饮、食品体验服务。这些体验店不仅展示了她的产品和服务,还通过现场互动和活动增强了用户对品牌的信任度。通过线下面对面体验,用户不仅获得了更深的品牌认同感,还通过口碑传播进一步扩大了品牌影响力。

　　关键策略如下。

- 线下体验场景打造:通过开设线下体验店,将线上流量转化为线下互动,增强品牌黏性。

- 用户口碑传播:利用线下体验店的实际效果,通过用户的口碑传播,吸引更多的新客户。

　　最终,"有心姐姐"通过个人品牌"**AI 三级火箭**"变现模式,不仅构建了个人和企业品牌协同的品牌传播矩阵,还构建了自己强大的私域流量池。公域和私域同时又能为线下连锁的优质流量、产品创新、服务优化、场景改进等赋能,对个人品牌和企业品牌进行深度融合,在企业品牌和客户之间增加一个有温度的桥梁,从而提升客户的体验感。同时,线下连锁店也在快速扩建中,实体连锁企业不再是一条腿走路的传统物种企业,从而真正实现三域融合、三网联动、协同发展的良性发展格局。

　　这样的模式成功地让企业实现了个人和企业品牌影响力的提升,企业营业额逆势增长数亿元。这种变现模式不仅适用于个体品牌打造,还能够在更大范围内应用于中小企业的品牌建设和市场拓展,具有极高的可落地性和推广性。我们过去几年实操的这一成功案例清楚展示了这种模式强大的生命力，在她的助力下完全能在全球复杂的市场环境中打造出一个具有长期竞争力和稳定增长潜力的品牌。

6.2　定人设：找准个人品牌人设定位

在个人品牌建设过程中，人设定位是至关重要的一步。一个清晰且具有吸引力的人设能够帮助个人品牌在众多竞争者中脱颖而出，吸引目标受众，并建立深厚的信任和忠诚度。本节介绍找准个人品牌人设定位的具体步骤和策略。

6.2.1　自我与目标市场分析

1. 个人分析

1）取一个好名字

一个好的个人品牌一定有一个好名字，它通常具备以下特征。

- 易记：名字应让陌生人第一次接触时就能记住。

- 易于传播：名字能够被第一次接触到的客户轻松分享给他人，并让对方记住。

- 寓意深刻：名字应能传递品牌的核心价值，当人们想到品牌时，立刻联想到特定的形象、理念和价值主张。

2）一句话描述"我是谁"

在个人品牌的打造中，用一句简洁的话语清晰地传达出你的核心身份和价值，是与受众建立连接的第一步。"我是谁"不仅是个人的标签，还是你希望通过品牌传递给世界的核心信息。通过这句话，你将引导受众迅速了解你是谁，以及你能为他们带来什么。

"有心姐姐"可描述为"我是一名从事餐饮服务工作 34 年的有心餐饮人，热爱生活，喜欢美食，致力于通过分享有机美食，传递健康、温暖、品质、幸福的美好生活方式"。

3）识别核心目标用户

在个人品牌建设中，识别核心目标用户至关重要。只有明确了目标用户的特征和需求，才能精准地传递品牌信息，满足他们的期望。通过深度分析受众的行为习惯、兴趣偏好和痛点问题，我们可以为品牌打造出更具吸引力的策略，从而有效地吸引并维系目标用户群体。

> Ⓐ CR：你好，ChatGPT，请扮演一位市场研究专家，帮助我分析并定义个人品牌的核心目标用户群。
>
> I：我正在构建一个名为"有心姐姐"的个人品牌，她有 34 年的餐饮服务行业工作经验，热爱生活，喜欢美食，致力于为顾客带来健康、温暖和优质的生活体验。我希望通过市场调研和分析，找出"有心姐姐"品牌的核心目标用户群，并明确他们的特征和需求。品牌目前正在扩展线上渠道，希望通过精准的用户分析优化品牌营销策略。
>
> S：请帮助我完成以下任务。
>
> - **核心目标用户群识别**：分析并查找"有心姐姐"品牌的核心目标用户群，涵盖他们的基本信息，如年龄、性别、职业、所在地区、生活方式、购买动机等。请参考市场调查数据、社交媒体分析或其他相关数据来源。
> - **用户特征分析**：详细描述这些目标用户的行为习惯、兴趣偏好、社交角色、收入水平等关键特征，更好地分析他们的需求。
> - **核心痛点和需求**：识别这些用户在生活方式、餐饮服务、食品等方面的核心痛点和未满足的需求，从而优化品

牌定位。请根据当前市场趋势和用户反馈提供洞察。

P：请使用专业且简明的语言，并确保分析结果具有可操作性和实用性。

E：提供一份详细的目标用户分析报告，包括核心用户群特征描述、用户需求和痛点分析，以便在"有心姐姐"品牌策略中运用。

【操作步骤说明】

（1）市场调研：利用市场调查、问卷、社交媒体数据等工具，收集关于"有心姐姐"品牌潜在用户群的详细信息。

（2）用户群体细分：根据收集的数据，将目标用户群分为不同的细分市场，并对每个细分市场进行深入分析，特别关注他们的产品选择、餐饮服务需求和生活方式。

（3）用户反馈获取：通过访谈、在线调查等方式，获取用户反馈，进一步识别他们的核心痛点和需求。

（4）报告生成：整合所有数据和分析结果，生成一份详细的用户分析报告和相关表格，作为品牌定位和策略制定的依据。

已明白，接下来我将为您分析并生成以下内容。

- **目标用户群分析表**：识别并分析"有心姐姐"品牌的核心目标用户群，涵盖他们的详细信息。

- **用户自画像描述表**：基于目标用户群特征，创建详细的用户自画像。

- **核心痛点分析表**：深入分析目标用户的核心痛点，明确他们的主要需求和挑战。

稍等片刻，我将为您生成这3份详细的表格内容。

在对话过程中，我们会提供给 ChatGPT 预先准备的模拟用户资料，以及其他素材和资料（在实际应用中读者要自己用 ChatGPT 给的方法完成）。

通过接下来的不断调优，我们得到了 ChatGPT 给出的 3 张表（表 6-1 ～表 6-3），让我们更清晰地知道了我们的目标用户，为后续定位打下坚实基础。接下来，我会发几个与有心姐姐相关的文件，请你查收以备使用。

表 6-1　"有心姐姐"客户自画像分析表（V1.01）

序号	属性类别	描述
1	姓名	李 × ×（通常为城市中产阶层的女性或家庭主妇）
2	性别	女
3	年龄	30 ～ 50 岁
4	职业	多为教师、医生、公司职员、企业管理者、自由职业者、全职妈妈
5	收入水平	中等及以上收入，家庭年收入通常在 20 万元以上
6	家庭状况	多已婚，有 1 ～ 2 个孩子，关注家庭健康和孩子成长
7	购买动机	追求高品质生活，注重食品的健康和安全，希望为家庭提供美味、健康的食物。对餐饮品牌有较高的期望，特别关注品牌的质量和服务

续表

序号	属性类别	描述
8	所属区域	主要集中在一线和二线城市（如北京、上海、广州、深圳等）的中高端社区
9	社会角色	在家庭中担任决策者的角色，负责食品采购、家庭饮食安排等事务。重视健康和生活质量，关注家庭成员的饮食健康和幸福感
10	生活方式	健康饮食、定期锻炼、参与社交活动和社区活动。喜欢参加与健康、美食、家庭相关的活动，如烹饪班、健康讲座、亲子活动等
11	独特爱好	对美食和烹饪有强烈兴趣，喜欢尝试新食材和新食谱，关注健康饮食理念，如有机食品、低糖低脂饮食等
12	有效接触点	微信、抖音、小红书等社交平台，社区活动、亲子活动、家庭聚会等
13	有效成交点	在线购物平台、微信公众号的商品推送、线下体验店、健康生活讲座或烹饪课程等
14	品牌期望	希望品牌能够提供健康、安全、美味的食品，同时传递温暖和关怀的价值观。希望品牌在产品质量和服务上保持一致，并在社交媒体上积极互动，提供有价值的健康和生活方式建议
15	生活痛点	难以找到同时满足健康与美味的食品，担心食品的安全性。对家庭饮食的选择有较高标准，但在繁忙的生活中难以找到简单而高效的解决方案。对食品行业中频发的质量问题表示担忧，希望品牌能成为可靠的选择

表6-2 "有心姐姐"用户自画像描述表（V1.01）

序号	属性类别	描述
1	基本信息	30～50岁女性，多为城市中产阶层，有稳定的收入和家庭责任
2	兴趣爱好	热爱美食、烹饪，注重健康饮食，有追求高品质生活的倾向
3	购买行为	倾向于选择高品质的产品，注重产品的健康、安全和品牌价值
4	社交媒体使用习惯	活跃于微信、抖音、小红书等社交媒体，喜欢分享和获取与生活方式相关的信息

续表

序号	属性类别	描述
5	生活动机	追求家庭的健康和幸福，关注健康、美味和方便的饮食选择
6	品牌期望	希望品牌能提供安全、健康、美味的食品，并传递关怀和温暖的价值观
7	核心价值观	注重家庭和个人健康，愿意为家人的幸福投入时间和资源
8	消费模式	倾向于理性消费，但愿意为高品质的产品和服务支付更高的价格

表 6-3　"有心姐姐"核心用户痛点分析表（V1.01）

序号	痛点类别	描述
1	健康与美味的平衡	用户希望找到既健康又美味的食品，以及彻底让家人和小朋友放心的线下品质餐饮消费，但市场上此类产品较少，难以满足他们对健康和口感的双重需求
2	食品安全性	用户对食品安全存在担忧，频发的食品质量问题让他们难以信任市场上的产品，希望一个可靠的品牌来提供安全保障
3	高效生活方式的需求	用户在繁忙的日常生活中难以找到简单而有效的健康饮食方案，渴望获得易于实施的高效生活方式建议和解决方案
4	个性化服务不足	用户希望能够得到更多个性化的饮食、营养建议和服务，但目前的市场提供的大多是标准化产品，无法满足他们的个性化需求
5	家庭健康管理的挑战	作为家庭中的饮食决策者，用户面临为家人提供健康饮食的压力，并希望找到既符合家人口味又有助于健康的高营养食品和食谱
6	社交和情感需求	用户希望通过品牌在社交和情感上获得支持，特别是在家庭和社区中，渴望品牌能够提供温暖和关怀的情感价值
7	消费决策的困扰	用户在面对多种选择时往往感到困惑，希望品牌能够简化选择过程，并提供可信赖的建议，以帮助他们做出更好的消费决策

4）确定人设的三个独特标签

个人品牌标签能让受众迅速识别并记住品牌，它直观传递品牌核心价值，帮助品牌在市场中脱颖而出，同时增强信任和忠诚度。品牌标签简洁、有力，是成功打造个人品牌的关键。

> Ⓐ CR：Hi，ChatGPT，请扮演一位品牌战略顾问，专注于总结和定义个人品牌的核心标签。
>
> I：我正在打造一个名为"有心姐姐"的个人品牌。"有心姐姐"是一位从事餐饮服务工作34年的资深实体连锁餐饮人，她热爱生活，喜欢美食，致力于为大家带来温暖和高品质生活。我希望通过总结出5个能够精准传达品牌价值和独特性的核心标签，帮助"有心姐姐"在目标受众中建立强大的品牌认知。
>
> S 的要点如下。
>
> - **分析品牌核心价值观**：基于"有心姐姐"的背景和定位，归纳出能够代表品牌核心价值的关键词。
>
> - **识别品牌独特特质**：结合"有心姐姐"在餐饮服务和生活方式中的独特性，归纳出能够体现这些特质的标签。
>
> - **结合品牌故事与受众需求**：分析"有心姐姐"的品牌故事和目标受众，识别出最能够引发共鸣的关键词。
>
> - **总结并优化标签**：根据以上分析，最终归纳出最能代表"有心姐姐"的5个核心标签，并确保这些标签简洁、有力、易于传播，能够准确传达"有心姐姐"的品牌定位与价值。
>
> P：请确保这些标签简洁、有力、易于传播，并能够准确

传达"有心姐姐"的品牌定位与价值。

E：提供一个"有心姐姐"核心标签建议表，附上每个标签的含义和选择理由，并在每个理由后加上她非常感人的真实故事。

我将根据"有心姐姐"的品牌背景和定位，为您归纳出 5 个核心标签，并附上每个标签的寓意和选择理由。

核心标签归纳过程如下。

（1）分析品牌核心价值观。

● **关怀**：体现"有心姐姐"对顾客和员工的深切关怀和照顾，展示品牌的温暖和人性化服务。

● **品质**：强调品牌对食品质量和服务水平的高度重视，确保每次顾客体验都达到卓越标准。

● **专业**：34 年的餐饮服务行业经验，在餐饮服务领域的专业性方面表现"有心姐姐"。

（2）识别品牌特色。

● **温暖**：品牌传递出一种如家一般的温馨感受，能够让就餐的顾客感到关爱和舒适。

● **信仰**：品牌长期积累的良好礼仪，让顾客对"有心姐姐"品牌充满信任。

● **精致**：无论是在餐饮服务中，还是在文化的展示上，品牌始终追求精致和高雅的标准。

（3）结合品牌故事与受众需求。

● **亲切**：品牌形象贴近生活，能够与顾客建立自然和温馨的联系。

● **美食爱好者**：作为热爱美食的餐饮人，"有心姐姐"

吸引了同样热爱生活和美食的消费者群体。

● **生活导师**：品牌不仅提供高品质的餐饮服务，更通过提供健康温暖的生活方式，引导顾客过上更好的生活。

通过上述分析，得到对"有心姐姐"统一标签的建议（见表 6-4）。

表 6-4 "有心姐姐"核心标签建议表（V1.01）

序号	标签	标签含义	选择理由	个人真实故事
1	关怀	体现"有心姐姐"对客户和员工的真诚、关心与支持	在 34 年的餐饮服务中，"有心姐姐"一直以关怀的态度对待每一位客户和员工，无论是在餐厅内的服务还是在社区活动中，她始终以人为本，注重每个人的感受与需求	在一次寒冬的深夜，"有心姐姐"为因突发事件加班至深夜的员工送上热腾腾的夜宵，令员工深受感动
2	品质	强调"有心姐姐"对产品和服务质量的高度重视	作为公司分管产品和服务的领导，"有心姐姐"几乎每天都会对食材、食品、菜品等进行抽查。例如，在线下实体体验店，她每周会抽查 3～5 次，对餐前、餐中、餐后的菜品质量进行严格把控，这一做法她坚持了 20 多年	一次，她在巡视中发现一道菜的食材略有瑕疵，立刻要求厨师更换，并监督整个过程，确保菜品达到最优品质
3	专业	展示"有心姐姐"在餐饮行业的深厚经验与专业知识	"有心姐姐"在餐饮服务行业拥有 34 年的丰富经验，积累了深厚的专业知识，并不断通过培训和学习提升自己。她的专业性体现在对菜品质量、服务细节和团队管理的严格要求上	在多次大型餐饮活动中，她成功组织并带领团队提供高质量的服务，赢得了客户的高度评价

续表

序号	标签	标签含义	选择理由	个人真实故事
4	温暖	传递"有心姐姐"通过服务带给顾客的温馨感受	"有心姐姐"致力于为每一位顾客带来温暖的服务体验。无论是餐厅环境的布置还是对顾客的细致关怀,她都以温暖的态度感染着身边的人	一位顾客曾经因为家庭琐事心情低落,来餐厅用餐时被"有心姐姐"温暖的问候和精心准备的餐品打动,表示这顿饭让他找到了家的感觉
5	信赖	建立在客户对"有心姐姐"品牌的信任与依赖上	"有心姐姐"始终坚持诚信经营,以客户为中心,赢得了广大客户的信任。她对客户承诺的每一个细节都严格履行,确保客户的满意度和忠诚度	在一次食品安全风波中,"有心姐姐"主动公开处理流程,确保透明度,并最终通过实际行动赢得了客户的信赖

5)确定三个独特优势

独特优势在个人品牌人设建设中起着至关重要的作用。这些优势不仅定义了品牌的核心竞争力,还帮助塑造了品牌的独特形象,使其在市场中脱颖而出。通过精准地识别和突出这些优势,品牌能够更有效地吸引目标受众,建立深厚的品牌忠诚度,同时确保品牌信息的一致性和真实性。最终,这些优势将成为品牌在竞争中不可替代的差异化因素,推动品牌的长期成功。

Ⓐ CR:Hi,ChatGPT,请扮演一位品牌分析专家,专注于通过科学的分析方法,识别与归纳个人品牌的独特优势。

Ⅰ:我正在打造一个名为"有心姐姐"的个人品牌。"有心姐姐"是一位从事餐饮服务行业 34 年的资深实体连锁餐饮人,热爱生活,喜欢美食,致力于为大家带来温暖和高品质生活。我希望通过科学的方法找到她的独特优势，以便在品牌建设中突出这些关键要素，增强品牌的市场竞争力。

S 的要点如下。

- **优势识别**：全面分析"有心姐姐"的职业背景、经验积累、个人特质和生活方式，找出她在餐饮服务、生活方式推广、客户关系管理等方面的独特优势，具体如下。

  - 职业经验：34 年餐饮服务行业的从业经历。
  - 个人特质：热爱生活，注重细节。
  - 生活方式：追求高品质的生活标准。

- **特长总结**：通过深入分析"有心姐姐"的个人技能、专业知识和特长，归纳出能够使她在行业中脱颖而出的关键特长，重点分析以下领域。

  - 美食创意：创新菜品设计与开发。
  - 菜品质量控制：严格的食材选择与质量监控。
  - 客户服务：优质的客户关系管理和服务体验。

- **方法建议**：提出如何在品牌建设和市场推广中充分利用这些独特优势和特长的策略和建议，具体如下。

  - 在品牌宣传中强调"有心姐姐"在美食创意和菜品质量控制方面的独到之处。
  - 通过客户故事和实际案例，展示"有心姐姐"在客户服务中的卓越表现。

P：请确保分析内容具有实际操作性，并能够帮助"有心姐姐"品牌在市场中建立差异化优势。

E：提供一份详细的报告，包括优势的识别过程、归纳出的关键点，以及具体的应用建议，以便在"有心姐姐"的品牌建设和市场推广中使用。

操作步骤如下。

（1）数据收集与分析：通过访谈、问卷调查、历史成就记录等方法，全面收集"有心姐姐"的职业经历和个人技能数据。

（2）SWOT 分析：使用 SWOT 分析法，从"有心姐姐"的优势中归纳出具有市场价值的特长，并识别品牌的潜在机会和挑战。

（3）行业对比分析：将"有心姐姐"的优势与行业内其他竞品进行对比，找出其独特性和不可替代的竞争力。

（4）报告生成：将分析结果整合成一份报告，作为品牌战略的核心指导文件。

我已经收到你的请求，并会按照以下步骤为你生成详细报告。

（1）**优势识别**：我将从"有心姐姐"的职业背景、经验积累、个人特质和生活方式出发，分析她在餐饮服务、生活方式推广、客户关系管理等领域的独特优势。

（2）**特长归纳**：通过深入分析她的个人技能和专业知识，我将归纳出她在美食创意、菜品质量控制、客户服务等方面的关键特长，明确这些特长如何使她在行业中脱颖而出。

（3）**方法建议**：我会提出具体的策略，说明如何在品牌建设和市场推广中充分利用这些优势，以确保"有心姐姐"品牌能够在市场中建立强大的差异化优势。

以下是为你生成的完整的报告。

1. 优势识别

通过分析"有心姐姐"的职业背景、经验积累、个人特质和生活方式，我们可以识别出以下关键优势。

- **深厚的行业经验**："有心姐姐"在餐饮服务行业有34年的丰富经验，对餐饮服务的各个环节都了如指掌，尤其在食材选择、菜品设计和服务质量控制方面拥有深刻的见解。

- **独特的个人特质**：她热爱生活，喜欢美食，展现出对高品质生活的追求，这种生活态度不仅是她个人的特质，还能够吸引同样重视生活质量的消费者。

- **强大的客户关系管理**："有心姐姐"对待顾客如家人般关怀，这种亲切且专业的服务风格使她在客户群体中享有极高的声誉。

- **健康和品质的倡导者**：她致力于为顾客提供健康、美味的餐饮选择，并通过自身的生活方式和餐饮理念，传递温暖与关怀。

2. 特长归纳

在分析"有心姐姐"的个人技能和专业知识后，可以归纳出以下关键特长。

- **美食创意与创新**：她擅长结合传统与现代的烹饪技艺，开发出既符合大众口味又具有独特风味的菜品，这种创意为她的餐饮服务增添了独特的竞争力。

- **菜品质量控制**："有心姐姐"对食材的选择和菜品的制作流程有着严格的标准，她每周都会亲自抽查餐厅的菜品质量，确保每一道菜都符合高品质的要求。

- **客户服务与体验管理**：在与顾客的互动中，她展现出极高的服务意识和情感管理能力，能够迅速捕捉顾客的需求并提供贴心的服务，提升顾客的用餐体验。

- **品牌故事塑造**："有心姐姐"善于将自己的生活态度、职业经历与品牌相结合，通过情感化的叙述方式，塑造出一个温暖、可靠的品牌形象，深入人心。

3. 方法建议

为了在品牌建设和市场推广中最大化"有心姐姐"的核心竞争力，建议采取以下策略。

- **品牌故事强化**：通过短视频、社交媒体和线下活动等渠道传播"有心姐姐"的品牌故事，特别是她的行业经验和生活态度，增强品牌的情感共鸣。

- **品质承诺与透明化运营**：在品牌宣传中，强调"有心姐姐"对食品质量的严格把控，并公开她在菜品质量控制中的实际操作，让消费者对品牌产生更强的信任感。

- **健康生活方式推广**：结合她的健康生活理念，开发一系列相关的内容，如食谱、健康饮食建议等，吸引同样注重健康的目标客户群体。

- **客户关系深耕**：利用她与顾客之间的亲密关系，设计会员制度或定期的客户关怀活动，进一步增强客户的忠诚度和品牌黏性。

6）你凭什么相信我

在竞争激烈的市场中，赢得客户的信任是个人品牌成功的关键。要让客户相信你，不仅需要展示你的专业能力，还需要通过真实的经历、显著的成就和权威的认可等方式来证明你的价值。通过分享这些故事和荣誉，你可以建立起品牌的公信力，让客户在众多选择中坚定地选择你。

Ⓐ **CR**：Hi，ChatGPT，请扮演一位品牌战略顾问，专注于分析通过个人经历、成就和奖项等方式来建立品牌信任，并帮助"有心姐姐"回答"客户凭什么相信我？"这一问题。

I：我正在打造一个名为"有心姐姐"的个人品牌。她是一位从事餐饮服务工作34年的资深餐饮人，以她的经验、关怀和对美食的热爱赢得了广泛的尊重。现在，我希望通过"有心姐姐"的传奇经历、重要事件和获得的奖项，向客户传递品牌的可信度和专业性，帮助她回答"客户凭什么相信我？"这一问题。

S 的要点如下。

- **传奇经历描述**：总结和描述"有心姐姐"在职业生涯或生活中的独特故事，特别是能够展现她在餐饮行业中的深厚经验的故事。例如，如何通过坚持传统美食工艺，保留食物的原汁原味，赢得老顾客的信赖；在严峻的市场环境中，如何凭借对品质的严格把控，成功经营多家餐饮连锁店。

- **重要事件回顾**：列举"有心姐姐"在餐饮行业中的显著成就，特别是那些能够直接反映她在客户服务和质量管理方面出色表现的事件。例如，她曾在某次食品安全危机中果断采取措施，确保顾客安全，并通过透明沟通赢得公众信任；在一个竞争激烈的市场中，她通过创新菜品和优质服务连续多年保持高顾客满意度。

- **重磅奖项列举**：列出"有心姐姐"在职业生涯中获得

的重要奖项或认可，并说明这些奖项如何增强了她的品牌可信度。例如：多次获得"最佳餐饮服务奖"，表彰她在服务质量和顾客满意度方面的卓越表现；荣获"食品安全管理先锋"称号，强调她在食品安全方面的卓越贡献。

P：请确保内容能够清晰地展示"有心姐姐"的专业性和可信度，使客户能够理解为什么选择"有心姐姐"是明智的决定，并明确这些因素如何直接与客户的利益相关联。

E：提供一份详细的回答建议，涵盖传奇经历、重要事件和重磅奖项的描述，并整合这些信息，回答"客户凭什么相信我？"这一问题，使客户更能感受到选择"有心姐姐"带来的实际价值和信任感。

【操作步骤说明】

（1）传奇经历总结：通过访谈或回顾"有心姐姐"的职业生涯，总结出那些能够展示她独特背景和经验的故事。

（2）重要事件整理：回顾"有心姐姐"在餐饮行业中的关键时刻，找出能够展示她能力和责任感的重要事件。

（3）奖项与荣誉收集：列出"有心姐姐"获得的所有奖项和荣誉并解释这些奖项如何证明她的专业性和可信度。

（4）整合与优化：将以上内容整合成一个连贯的故事，用于品牌推广和客户沟通。

"客户凭什么相信我？"——品牌信任建立策略

1．传奇经历描述

"有心姐姐"从事餐饮服务行业 34 年，她的职业生涯充满了热情和坚韧。她在某地的宾馆开始了第一份工作，在这个高端的商务接待环境中，她深刻理解了服务的真正含义——服务不仅是简单的端茶倒水，更是对每一个细节的极致用心与专注。经过 14 年的打磨，她从一名初出茅庐的服务员成长为一位备受尊敬的餐饮服务专家。这段经历不仅让她积累了丰富的实战经验，还奠定了她对高品质服务的执着追求。

2. 重要事件回顾

在 2005 年，"有心姐姐"成为了某连锁集团的合伙人，负责其中某个店的管理。当时，她面临了职业生涯中的一次重大挑战——员工罢工。这一事件对餐厅的运营产生了巨大影响，但她并没有退缩。她通过真诚的沟通和严格的管理，成功化解了这场危机，并将此转化为服务体系的全面升级，奠定了该品牌的核心服务标准。这次事件不仅展示了她的领导力，还让她赢得了客户和员工的深厚信任。

3. 重磅奖项列举

在职业生涯中，"有心姐姐"获得了许多重要奖项，这些奖项进一步证明了她在行业内的专业性和权威性。她是"五一劳动奖章"的获得者，这一荣誉体现了她在工作中的卓越表现和社会责任感。此外，她还获得了"注册中国餐饮服务大师"和"餐饮 20 年杰出人物"称号，这些奖项不仅是对她个人成就的认可，更是对她在推动餐饮行业发展中的贡献的高度肯定。

- **综合建议**：通过这些传奇经历、重要事件和重磅奖项，"有心姐姐"向客户传递了她在餐饮服务领域的专业性、领导力和持久的奉献精神。这些内容能够清晰地展示

　　她为什么值得客户信赖。

- **经验丰富**：在 34 年的职业生涯中，她在餐饮行业积累了丰富的经验，尤其是在高端服务领域的实战经历使她成为一名真正的专家。
- **应对挑战**：通过应对行业内的重大挑战，她展示了卓越的领导能力和应变能力，赢得了客户和员工的深厚信任。
- **荣誉加持**：获得的重磅奖项和荣誉不仅是对她个人成就的认可，更是对她服务质量和职业操守的高度肯定。

因此，客户选择"有心姐姐"不仅是因为她的经验和专业，更是因为她在服务中的用心与责任。这些都是客户信任她的理由，也是她个人品牌的核心竞争力。

7）为什么你要关注我

在这个信息泛滥的时代，选择关注一个品牌或个人往往意味着你认同他们的价值观，期待从中获得独特的收获。"有心姐姐"不仅是一位拥有 34 年餐饮服务经验的资深从业者，更是一位热爱生活、精通美食、致力于为大家带来温暖和高品质生活的生活导师。关注"有心姐姐"，你将发现她独特的视角和丰富的经验能够为你的生活增添更多温馨与幸福。

Ⓐ CR：Hi，ChatGPT，请扮演一位品牌文案专家，专注于为"有心姐姐"创建简洁、有力的品牌信息，用一句话向客户明确传达关注她的理由。

I：我正在打造一个名为"有心姐姐"的个人品牌。她是一位从事餐饮服务工作 34 年的资深餐饮人，热爱生活，喜欢美食，致力于为大家带来温暖和高品质生活。我希望用一句话明确告诉客户为什么他们应该关注"有心姐姐"。

S 的要点如下。

- **品牌核心价值传达**：帮助我创作一条简洁、吸引人的品牌信息，能够在一句话中清晰传达"有心姐姐"的核心价值，并吸引客户的关注。请结合以下几个方向。
  - 强调"有心姐姐"的资深经验和对品质的坚持。
  - 突出她在餐饮服务中带来的温暖和高品质体验。
  - 传达她对健康和生活品质的独特关注。
- **创作方向建议**：在生成多个版本时，尝试不同的角度，例如，直接关注用户的切身利益和需求，体现"有心姐姐"的独特服务或产品特点，突出情感共鸣，增强品牌的温暖和亲和力。
- **示例更新**：例如，"关注'有心姐姐'，享受34年餐饮经验为您带来的温暖与美味。"

P：请确保这句话能够准确反映"有心姐姐"的品牌定位，并且易于记忆和传播。

E：提供 3 个不同版本的关注理由，并解释每个版本的重点和优势，特别是在传达品牌核心价值和吸引客户注意力方面的表现。

品牌关注理由如下。

（1）"加入'有心姐姐'的美食旅程，享受用心烹饪的温暖与关怀。"

- **重点**：传达"有心姐姐"通过美食传递关怀的核心理念。

- **优势**：强调情感连接，吸引希望通过美食体验温暖的客户。

（2）"跟随'有心姐姐'，学习如何将热爱生活融入每一道美食中。"

- **重点**：强调生活热爱和美食制作的结合。
- **优势**：吸引那些对美食和生活充满热情的人。

（3）"关注'有心姐姐'，获取一份提升生活品质的独家美食秘诀。"

- **重点**：结合生活品质和美食，提高独家内容的吸引力。
- **优势**：突出稀缺性和价值，吸引对美食秘诀感兴趣的客户。

在具体应用中，调优后，选择你需要的关注理由就好。

2. 竞争优势分析

在当前竞争激烈的市场环境中，建立一个强有力的个人品牌已成为脱颖而出的关键。然而，要在众多品牌中占据一席之地，仅凭优秀的产品和服务还远远不够。全面的竞争分析能够帮助我们深入了解市场格局，识别主要竞争对手的品牌定位、策略和优势，从而找出我们品牌的差异化优势。这一过程不仅能确保"有心姐姐"品牌在市场中的独特性，还能为品牌的长期发展提供坚实的战略支持。通过对竞争对手的深入分析，我们将明确"有心姐姐"在市场中的独特定位，并制定相应的策略来有效应对市场挑战，确保品牌在未来的市场中稳步增长。

Ⓐ CR：Hi，ChatGPT，请扮演一位市场竞争分析专家，专注于分析"有心姐姐"品牌的竞争对手人设定位，并帮助找出她的差异化优势。

I：我正在打造一个名为"有心姐姐"的个人品牌。她是一位从事餐饮服务工作34年的资深餐饮人，热爱生活，喜欢美食，致力于为大家带来温暖和高品质的生活。为了更好地定位"有心姐姐"的品牌，我需要进行竞争对手人设定位分析，找出"有心姐姐"在市场中的差异化优势。

S：请帮助我完成以下任务。

- **竞争对手识别**：识别"有心姐姐"在餐饮行业的主要竞争对手，特别是那些在社交媒体或市场中拥有影响力的品牌或个人。通过分析他们的市场表现、用户反馈，以及社交媒体策略，了解其在市场中的定位。

- **人设定位分析**：研究这些竞争对手的品牌人设定位，找出他们的主要特点、定位方向和核心标签，进一步分析他们的内容传播策略和用户互动情况。

- **差异化优势识别**：通过对比分析，找出"有心姐姐"品牌与竞争对手的不同，特别是她的独特优势。

- **市场定位建议**：基于分析结果，提出建议，特别是在内容传播、品牌宣传和用户互动中的具体操作策略。

P：请确保分析结果清晰、详细，并能够应用在"有心姐姐"品牌的市场定位和推广策略中。

E：提供一份详细的竞争对手分析报告，包含他们的人设定位与"有心姐姐"的对比分析，以及突出差异化优势的建议。

竞争对手分析报告："有心姐姐"的市场定位与差异化优势

1. 竞争对手识别

在餐饮行业中，尤其是针对个人品牌和社交媒体影响力，以下几个竞争对手值得关注。

- **小红书美食博主"某小厨"**：专注于健康饮食和家庭料理，通过简单易学的食谱吸引大量关注家庭烹饪的受众。

- **深夜食堂**：一个分享夜晚美食故事的品牌，着重于情感共鸣和食物背后的故事，吸引了喜欢深夜小酌和深夜美食的观众。

- **心灵厨房**：专注于美食与心理健康的结合，通过烹饪疗法和美食故事传递关怀，特别受注重心理健康和生活品质的用户喜爱。

2. 人设定位分析

某小厨的人设定位分析如下。

- **定位**：健康生活的指导者，家庭烹饪的倡导者。

- **核心标签**：健康、家庭、简单、实用。

- **联系方式**：通过日常健康食谱和家庭烹饪技巧，吸引关注家庭健康的群体。

深夜食堂的人设定位分析如下。

- **定位**：美食故事的讲述者，深夜情感的陪伴者。

- **核心标签**：情感、陪伴、故事、美食。

- **联系方式**：通过深夜食堂的美食故事和情感共鸣，连接夜晚孤独或思考的观众。

心灵厨房的人设定位分析如下。

- **定位**：美食疗法的倡导者，心灵关怀的传递者。

- **核心标签**：心理健康、关怀、疗愈、美食。

- **联系方式**：通过美食与心理健康的结合，提供一种用美食治愈心灵的生活方式。

3. 差异化优势识别

"有心姐姐"的独特优势如下。

- **丰富经验**：从事餐饮服务工作 34 年的丰富经验使"有心姐姐"在餐饮行业具备独特的专业性和深厚的实践积累。

- **关怀与温暖**："有心姐姐"不仅关注美食，更致力于通过美食传递关怀与温暖，特别是在餐饮服务中的用心，体现了她对每一位顾客的重视。

- **现代与传统的结合**：虽然拥有深厚的传统餐饮背景，但是"有心姐姐"也积极关注现代健康饮食和有机生活方式，能够兼顾传统与现代的需求。

- **走心的客户关系**："有心姐姐"在客户关系管理方面拥有独特的见解，能够通过长期的服务积累和互动，建立深厚的客户信任和忠诚度。

4. 市场定位建议

建立差异化定位的建议如下。

- **定位为"现代关怀型餐饮生活导师"**："有心姐姐"可以通过结合现代健康饮食和有机生活方式，以走心、温暖为核心，以关怀和品质为主线，定位为一位既传承传统美食精髓又注重现代生活品质的餐饮生活导师。

- **突出情感连接**：有心姐姐可以通过日常生活中的温暖、关怀来构建与用户的情感连接，强调"温暖"和"用心"。

- **强调生活品质提升**："有心姐姐"可以侧重于通过饮食和服务提升整体生活品质，特别是在忙碌的城市生活中，为用户带来贴心的服务和高品质的饮食体验，以及传递健康、温暖、幸福的美好生活方式。

通过分析"有心姐姐"的竞争对手，可以明确其在市场中的独特定位——一位经验丰富、注重关怀、充满温暖、结合现代与传统的餐饮生活导师。她的品牌可以通过强调细致用心、现代健康饮食和有机生活方式，成功建立与用户的深厚情感连接，从而在竞争激烈的市场中脱颖而出。

6.2.2　个人品牌符号设计

在塑造个人品牌的过程中，品牌符号是极具辨识度的视觉和感性元素，它不仅是品牌的象征，更是传递品牌核心价值和情感的载体。对于"有心姐姐"品牌来说，符号设计不仅要体现她在餐饮行业中的专业形象，还需要传达她用心服务、温暖待客的品牌理念。通过精心设计的品牌符号，我们能够在瞬间捕捉用户的注意力，建立起深刻的品牌认知和情感连接，使"有心姐姐"的品牌形象在公众心中深深扎根。接下来，我们将探讨如何通过设计独特的品牌符号，强化"有心姐姐"品牌的视觉表现力与市场竞争力。

1. 品牌符号与视觉元素

品牌符号如下。

- **Logo**：设计一个"心"形的 Logo，象征着"有心姐姐"的关怀与温暖。可以考虑将心形元素与餐具（如勺子或碗）的形象结合，体现其餐饮背景。
- **颜色**：主色调建议选择温暖的橙色或柔和的米黄色，代表温暖、关怀和高品质生活；辅助色可以使用自然的绿色或棕色，象征健康、自然与稳定。
- **字体**：选择一种亲切且容易阅读的手写风格字体，传递出品牌的温暖与个人化的特质。字体应避免过于正式，突出轻松和友好的感觉。

这些符号和视觉元素直接反映了"有心姐姐"品牌的核心价值，即通过温暖、关怀和高品质的服务，带给客户愉悦的餐饮体验。这些元素能够在视觉上加强品牌的亲和力和可信度，使受众对品牌形成积极的情感联结。

2. 语言风格与语调

语言风格如下。

- **亲和且专业**："有心姐姐"的语言风格应结合亲和与专业。她的表达应让受众感到温暖和被关心，同时展现其在餐饮行业的专业知识。

- **鼓励与启发**：在语言中可以使用鼓励性的表达，如"与我一起享受健康美食""我们一起探索高品质的有机生活"，激励受众追求更美好的生活方式。

- **简洁明了**：语言应避免复杂或过度专业的术语，确保简洁明了，让不同受众都能轻松理解。

这种语言风格能够使"有心姐姐"在表达温暖与关怀的同时，不失其专业性，吸引那些既注重生活品质又渴望获得专业建议的客户群体。

3. 行为表现

社交媒体互动如下。

- **回应风格**：在社交媒体上，始终保持积极、温暖的互动方式。对用户的留言和问题应及时、耐心回复，使用友好的表情符号和温馨的语言。

- **内容分享**：分享的内容应围绕健康美食、有机食品、生活品质提升等主题，发布贴心的小贴士或温馨的生活故事，增强用户的情感联结。

公开演讲与活动如下。

- **表达方式**：在公开场合，保持真诚和谦逊的态度。讲话时可以适度融入个人故事和经验，拉近与听众的距离，并展示她的专业素养和关怀。

- **仪表与态度**：在活动或演讲中，应穿着得体、亲和，表现出自信与从容，给人以可靠且亲近的印象。

  客户互动如下。

- **客户服务**：在面对客户时，始终保持微笑和耐心，倾听客户需求，展现出对每位顾客的重视。无论在线上或线下，客户服务应体现品牌的核心价值，即关怀与温暖。

- **反馈处理**：对客户反馈要积极回应，尤其是对负面反馈，应及时跟进并采取相应措施，展示品牌的责任感和客户至上的态度。

  这些行为表现能够在实际互动中进一步强化"有心姐姐"品牌的温暖和专业形象，确保客户在每一次接触中都能感受到品牌的关怀与诚意。

  综合以上各个维度的思考，通过语言风格与行为表现的融入及统一设计，让"有心姐姐"品牌符号能够在不同场合和传播渠道中保持一致性，形成鲜明的品牌认同感。这些元素将帮助"有心姐姐"在目标受众中建立强大的品牌认知和情感联结，最终增强品牌的市场竞争力。

6.2.3　独特价值主张淬炼

在塑造一个强大的个人品牌时，独特的价值链及价值主张是其核心竞争力的源泉。对于"有心姐姐"而言，她的价值主张不仅是高品质的餐饮服务，更是将温暖与关怀融入每一个细节中，提升顾客的生活品质，从而确保品牌在市场中拥有鲜明的定位和持久的吸引力。

Ⓐ CR：Hi，ChatGPT，请扮演一位品牌战略顾问，专注于归纳和定义"有心姐姐"品牌的独特价值主张，确保这一价值主张能够全面体现品牌的核心价值和使命。

I：我正在打造一个名为"有心姐姐"的个人品牌。她是一位从事餐饮服务工作 34 年的资深实体连锁餐饮人，热爱生活，喜欢美食，致力于为大家带来温暖和高品质生活。现在，我希望能够总结"有心姐姐"的独特价值主张，明确品牌的核心使命，并通过品牌符号传递这一价值主张。

S：请帮助我完成以下任务。

- 回顾人设定位：分析"有心姐姐"的核心标签、目标用户需求以及她在市场中的独特优势，确保这些要素能够融入价值主张中。

- 品牌使命提炼：结合"有心姐姐"的职业背景、品牌故事和顾客需求，归纳出品牌的核心使命和价值主张。

- 价值主张定义：明确"有心姐姐"品牌的独特价值主张，并确保这一主张能够清晰传达品牌的功能价值、情绪价值、文化价值和社会价值。

- 品牌符号匹配：建议品牌可以采用温暖的橙色作为主色调，Logo 设计可以融入一个微笑的姐姐形象和美食元素，视觉元素可以使用温馨的家庭聚餐场景等，通过这些品牌符号和简洁、亲切的语言风格来有效传递这一价值主张。

P：请确保价值主张简洁、易于传播，并能够在品牌的所有接触点中保持一致。

E：提供一份详细的价值主张报告，涵盖品牌使命、独特价值主张的定义，以及如何通过品牌符号和传播策略来传递这一主张。

"有心姐姐"品牌独特价值主张报告

1. 回顾人设定位

1.1　核心标签

核心标签如下。

- **关怀**："有心姐姐"以其细致入微的关怀和真诚的服务赢得了顾客的信任。

- **品质**：她对餐饮质量的严格把控和对每个细节的关注，体现了她对品质的执着追求。

- **温暖**：她通过餐饮和服务传递温暖和爱，为顾客带来家的感觉。

- **专业**：作为一位从事餐饮服务工作34年的资深从业者，"有心姐姐"在行业内树立起了一个专业的形象。

- **信赖**：多年的从业经历和卓越的服务让她成为顾客心中值得信赖的品牌。

1.2　目标用户需求

目标用户需求如下。

- **高品质生活追求**：目标用户主要为注重健康和品质生活的中产阶级，他们期待从饮食中获得健康与幸福感。

- **个性化关怀**：目标用户希望在餐饮服务中得到个性化的关怀和温暖的体验。

- **文化认同**: 目标用户对传统文化有较强的认同感, 喜欢在餐饮中体验到文化的传承和创新。

1.3 市场独特优势

"有心姐姐"通过 34 年的餐饮服务工作, 积累了丰富的行业知识和经验, 这是竞争对手难以匹敌的。

她在关怀与品质上的独特定位使品牌在市场上具有高度的辨识度和忠诚度。

通过对现代与传统文化的融合, "有心姐姐"在餐饮体验中传递了独特的文化价值, 吸引了大量忠实顾客。

2. 品牌使命提炼

2.1 品牌使命

"通过无微不至的关怀和卓越的品质, 为每一位顾客创造温暖而走心的餐饮体验, 传递高品质有机生活的信念, 让亿万家庭更健康和幸福。"

2.2 使命阐释

使命如下。

- **无微不至的关怀**: 每一个服务细节都经过精心设计, 让顾客感受到如家般的温暖。

- **卓越的品质**: 无论是食材和食品选择、烹饪技术还是服务流程, 都以最高标准要求, 确保每一餐都完美。

- **温暖幸福的体验**: 通过温馨的用餐环境、真诚的互动, 以及对顾客需求的敏锐洞察, 营造出幸福的氛围。

- **高品质生活信念**: 在现代社会中, 通过健康、精致的餐饮和有机的产品传递高品质生活的理念, 帮助顾客在忙碌中找到生活的美好。

3. 价值主张定义

3.1　独特的价值主张

独特的价值主张是"有心姐姐——用心服务，用爱传递，为您打造每一餐的幸福时光"。

3.2　价值主张的内涵

价值主张的内涵如下。

- **功能价值**：通过严选食材、精选有机产品、精心烹饪和提高服务标准，为顾客提供美好的餐饮体验。

- **知识价值**：传递关于健康饮食、品质生活的实用知识，让顾客在日常生活中受益。

- **情绪价值**：通过贴心的服务和温暖的氛围，增强顾客的幸福感和满足感。

- **文化价值**：在餐饮中融入传统文化元素，让顾客感受到文化的传承与创新。

- **社会价值**：积极践行社会责任，通过食品安全、环保和社区公益活动，传递品牌的社会价值。

4. 品牌符号匹配

4.1　视觉元素

视觉元素如下。

- **颜色**：选择温暖的色调，如橙色、棕色和米色，传递品牌的温暖与关怀。

- **Logo 设计**：采用具有亲和力和文化象征意义的图案，并使用简洁而富有品质感的字体。

- **品牌符号**：将"有心"字样与温暖的视觉符号结合，作为品牌的标志性符号，确保一眼就能传递品牌的核心价值。

4.2　语言风格

语言风格如下。

- **语调**：亲切、温暖且富有关怀。语言应当易于理解，同时体现品牌的专业性与可靠性。
- **风格**：强调用心、关怀、品质、温暖、幸福这些核心关键词，确保在与顾客的每一次沟通中都能传递出品牌的温度和信赖感。

4.3　行为表现

行为表现如下。

- **社交媒体互动**：在社交媒体上，保持温暖的互动方式，及时回应顾客的反馈，展现品牌的贴心与关怀。
- **公开演讲与活动**：在公开场合，表现出对顾客的尊重与关怀，分享品牌故事与服务理念，增强顾客的情感连接。
- **客户服务**：无论线上还是线下，与顾客的每一次互动都应体现出对他们的关注与关怀，确保他们感受到品牌的用心与爱。

结合对个人品牌的自我剖析以及竞争人设分析，再融合品牌符号、核心内容，我们已经越来越清晰地认识到：

- "有心姐姐"的人物定位；
- 个人品牌传递的内容；
- 传递的品牌符号；
- 传递的独特、差异化价值主张。

从这些分析中，我们可以得出一条结论，"有心姐姐"是一位热爱餐饮服务行业、传递温暖和幸福的生活理念并致力于为每一位顾客打造高品质餐饮、食品体验的资深人士。

其品牌以"体现有'心'的个人品牌符号"为基础，以"温暖关怀、卓越品质和生活美学"为核心内容，以"有心姐姐——用心服务，用爱传递，为您打造每一餐的幸福时光"为差异化价值主张。这为后续的品牌打造奠定了基础。

6.3　定内容：创造基于人设的价值内容

在个人品牌的建设过程中，人设定位是至关重要的一步。只有明确品牌的人设，才能创作有价值的内容，因为所有的内容都是基于人设来创作的。在这一步，我们要基于她的人设总结出"有心姐姐"内容创作的核心、总纲和主线，确保品牌的独特价值能够通过内容传递给目标受众。同时，我们还将通过在"有心姐姐"个人品牌打造过程中的一个爆款短视频创作案例，进一步说明如何将这一内容创作策略具体落实到实践中。

6.3.1　内容创作的核心

内容创作的核心是整个内容创作的灵魂。对于"有心姐姐"而言，内容创作的核心是她的品牌人设定位与核心标签。

以下是基于"有心姐姐"品牌符号和价值主张归纳出的创作核心。

● **温暖与关怀**：传递"有心姐姐"品牌的温暖与关怀是内容创作的核心。这不仅体现在服务上，还体现在内容的呈现方式上，即每一个视频、每一篇文章、每一条文案都应给观众带来温馨的感觉。

- **卓越的品质**：内容应突出"有心姐姐"对品质的执着追求。无论是餐饮的制作过程、食材的选择、食品的选品，还是顾客的服务体验，无论线上还是线下，公域还是私域，都应展现出对高标准的坚持。

- **生活美学**：通过内容传达一种高品质的生活方式，展示"有心姐姐"如何通过美食和生活的细节，提升顾客的生活质量，传递幸福和美好的生活方式。

6.3.2 内容创作的总纲与主线

在明确了创作内核后，我们需要确定内容创作的总纲和主线，以确保内容始终围绕品牌核心展开。

总纲设计如下。

- **内容方向**：围绕"温暖关怀""卓越品质"和"生活美学"这三个核心方向进行内容创作。

- **目标受众**：瞄准注重生活品质、关注餐饮细节的中产阶层，特别是那些对传统文化有认同感的用户。

- **内容形式**：包括短视频、长文章、社交媒体帖子和图文并茂的食谱等形式。

主线设计如下。

- **品牌故事线**：通过"有心姐姐"的故事、职业经历和餐饮服务中的真实案例，传递品牌的核心价值。

- **顾客体验线**：展现顾客在"有心姐姐"的生活体验馆中感受到的温暖与关怀，强调品牌的亲和力和人情味。

- **产品溯源线**：通过精美的视频和图文展示原材料的选择、相关的制作过程和成品的呈现，突出品质和专业。

6.3.3　案例分析：千万级爆款短视频实战案例

在移动互联网时代，个人品牌可以更低成本传播出去。为了更好地说明如何将"有心姐姐"的品牌价值通过内容创作传递给目标受众，本节会展示如何以她的核心内容之一"卓越的品质"为主题，创作出引人注目的爆款短视频。

1. 确定选题方向

在我们确定个人品牌的人设定位和独特价值主张之后，我们就明确了爆款短视频的选题方向。ChatGPT 的协助能帮我们更好和更快地确定选题方向。

Ⓐ　CR：Hi，ChatGPT，请扮演一名爆款短视频创作专家。

I：	"有心姐姐"在平时用很大一部分时间到店巡查，检查菜品质量，这是它从事餐饮工作 30 多年以来都在做的事情。餐前，检查店面环境、卫生、餐具摆放等；餐中，观察服务员的服务；餐后，对菜品进行分析等。

S：	请给我基于人设并且视频能够进一步加强和强化人设形象的选题方向。

P：	请用最专业的方式回答。

E：	请提供 9 个回答，以表格的形式输出给我，表格的要求是有表头【"有心姐姐"选题方向表 + 版本号】，内容应该包含序号、选题方向、详细描述、备注。请用规范的表格。

在你确认了解后请回复，我将给你发"有心姐姐"人设定位的相关资料。

⑤　我已确认了解你的要求，并准备好为你提供基于"有心姐姐"

人设的选题方向。请随时发送"有心姐姐"人设定位的相关
资料，我会在获取资料后为你制作出详细的选题方向表格。

基于你提供的"有心姐姐"相关资料，我已经深入了解了
她的人设定位和背景信息。现在，我将基于这些信息为你
构建"有心姐姐"选题方向表 V1.01（见表6-5）。

表 6-5　"有心姐姐"选题方向表 V1.01

序号	选题方向	详细描述	备注
1	餐前店面环境的检查	展现"有心姐姐"在每天营业前对店面环境、卫生、餐具摆放等细节的严格检查，体现她对品质的执着追求	强调用心和负责的特质
2	餐中服务员的服务观察	展示"有心姐姐"在营业期间对服务员服务质量的监督和指导，凸显她对顾客体验的高度重视	体现善良、真诚与专业的领导力
3	餐后菜品的严苛分析	记录"有心姐姐"在餐后对每道菜品的详细分析和改进建议，展现她的专业性和精益求精的态度	传递执着敬业和追求品质卓越的精神
4	餐具采购的高标准要求	讲述"有心姐姐"在选择餐具时对质量和实用性的严格把关，体现她对细节的关注和对顾客的责任心	体现高度的责任感

续表

序号	选题方向	详细描述	备注
5	食材溯源的亲自考察	展现"有心姐姐"前往各地溯源食材的过程，强调她对食品安全的重视和对客户的承诺	体现安全可靠的形象
6	老顾客的信任与回馈	通过展示老顾客对"有心姐姐"及其产品的信任，凸显她在客户心目中的地位和可信赖的品牌形象	体现品牌的忠诚度和客户满意度
7	美食背后的故事分享	分享与美食相关的故事，传递温暖和幸福的生活理念	强调温暖、关怀和生活的美好
8	店铺从 1 到 30 的成长历程	回顾"有心姐姐"从开设第一家店到拥有 30 多家店的创业历程，展现她的拼搏精神和卓越的经营理念	体现持续成长和不懈努力的精神
9	有机产品的严格筛选标准	详细展示"有心姐姐"在选择有机产品时的严格标准，凸显她对品质的承诺和对客户健康的重视	强调专业性和客户的健康福祉

这个表格结合了"有心姐姐"的核心人设特点，既能强化她在人们心目中的形象，又能通过具体的选题方向进一步深化她的品牌认知。如果你有更多的需求或需要调整表格内容，请随时告诉我。

2. 根据选题方向确定选题

从"有心姐姐"选题方向表 V1.01 中我们看到 ChatGPT 根据我们上传的资料给出了 9 个可供挑选的选题方向，如果还不满意，则可以继续优化。在这里选择【餐后菜品的严苛分析】这个选题方向，进行案例的展示。

Ⓐ CR：Hi，ChatGPT，请扮演一名爆款短视频选题策划专家。技能如下。

● 擅长抓住人物特点、结合短视频爆点、创作引人入胜的选题。

● 能够基于选题的使用者（"有心姐姐"）的人设做判断。

● 具有非常扎实的选题策划功底，了解大家喜欢看什么。

I："有心姐姐"在平时把很大一部分时间花在到店巡查、检查菜品质量上，这是它从事餐饮以来都在做的事情。

S：请给我基于人设和"餐后菜品的严苛分析"且视频能够进一步强化人设形象的选题。

P：请用最专业的方式回答。

E：请提供 10 个回答。

在你确认了解后请回复，我将给你发"有心姐姐"人设定位的相关资料。

于此我已经了解你的需求，请将"有心姐姐"人设定位的相关资料发给我，我会基于这些资料为你提供符合要求的选题方向。

Ⓐ 这是"有心姐姐"人设定位的资料。

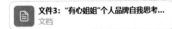

文件3："有心姐姐"个人品牌自我思考…
文档

基于"有心姐姐"的人设定位和她在选题方向"餐后菜品的严苛分析"上的核心价值观与特点，我为你提供以下 10 个选题方向，旨在进一步强化她的人设形象。

1. 每一盘菜背后的故事

描述"有心姐姐"如何通过对每一道菜品的严苛分析，追溯其食材来源、烹饪工艺以及背后的文化故事，突出她对细节和传统的执着。

2. 从口感到心感：如何打造顾客的幸福味蕾

展现"有心姐姐"如何通过对菜品的细致分析提升顾客的用餐体验，强调她对美食和顾客满意度的高度重视。

3. 严选好食材，才能有好味道

深入探讨"有心姐姐"如何在菜品分析过程中严格把关食材的选择，展现她对食品安全和品质的坚守。

4. 顾客看不见的餐后故事

记录"有心姐姐"在餐后如何对每一道菜进行分析和改进，为顾客提供更高品质的用餐体验，凸显她的专业精神。

5. 每道菜都是一次心灵对话

强调"有心姐姐"通过对菜品的深度分析，如何与顾客的味觉和情感产生共鸣，传递温暖与关怀。

6. 餐后复盘：美味背后的严格标准

展现"有心姐姐"对每一道菜品的分析过程，揭示她如何通过严格的标准确保每位顾客都能享受健康、安全、美味的食物。

7. 有心姐姐的菜品分析日记

以日记形式记录"有心姐姐"每日餐后对菜品的分析与反思，展现她的持之以恒和专业。

8. 顾客的好评从哪里来

通过剖析"有心姐姐"在餐后对菜品的反馈和改进过程，解释为什么她的餐厅总能赢得顾客的好评和信任。

9. 每道菜的严苛审查

突出"有心姐姐"如何从色、香、味、形等维度对菜品进行严格审查，展现她对卓越品质的不懈追求。

10. 用心做好每一道菜："有心姐姐"的美食哲学

通过展示"有心姐姐"对菜品的精心分析，诠释她对美食的哲学，即"只有用心，才能做出真正美味的菜肴"。

这些选题不仅能够进一步强化"有心姐姐"的专业性、责任感和真诚用心的形象，还能通过深度挖掘和展现她在餐后分析中的细致与坚持，增加观众的情感共鸣和认同感。

这里我们看到 ChatGPT 已经根据要求基于选题方向和人设定位给出 10 个选题，我们可以选择一个选题，也可以继续对它们优化，以更接近我们想要的结果。这里选择继续优化。

Ⓐ Hi，ChatGPT，这 10 个选题方向都非常棒。接下来，我们对选题 {4. 顾客看不见的餐后故事} 做以下调整。

● 请用反差来表现"有心姐姐"对菜品的严格把控，也更好地体现她的专业性和责任感。

● 更加聚焦到"有心姐姐"每天做的餐后巡查、菜品的分析上。

调整后的选题方向是"**老板亲自吃剩菜**"。

反差和冲突点如下。

● **身份反差**：作为一家连锁餐饮集团的总裁，"有心姐姐"会试吃剩菜，这与她的高层身份形成强烈的反差。

● **行为反差**：总裁通常不会亲自处理这种细节性的工作，而是交给员工来完成。她亲自试吃剩菜，显示出对每道菜品质量的高度重视，凸显出她对品质的严格把控。

● **心理冲突**：这种行为能引发观众的情感共鸣，让人们看到她的认真负责和对顾客体验的重视，也能引起观

> 众的震撼和敬佩。
>
> 这种选题不仅能够吸引观众的注意力，还能表现"有心姐姐"的专业性和责任感，从而更好地强化她的品牌形象。

通过优化我们可以看到 ChatGPT 最终基于品牌人设给出了一个有反差和能够引起冲突的选题方向"**老板亲自吃剩菜**"。

3. 根据选题创作爆款短视频标题

> CR：Hi，ChatGPT，请扮演一位做餐饮美食的自媒体博主。技能如下。
>
> ● 熟练使用标题的【夸张、对比、蹭热点】等技巧。
>
> ● 始终围绕"有心姐姐"的人设，不断强化该人设。
>
> ● 能熟练运用【反转、矛盾、反问、夸张、挖苦】等语言特点吸引读者的眼球。
>
> I：爆款标题：｛和厨师长巡台，查看顾客的"剩菜"｝，｛剩下了，老板就得吃，就得尝｝。
>
> "有心姐姐"是一个从事餐饮服务工作34年的有心餐饮人，热爱生活，喜欢美食，致力于给大家带去温暖和高品质的生活。作为连锁集团的联合创始人和总裁，旗下有食品工厂、中餐品牌、地方特色餐饮品牌、高端养生火锅品牌等品牌；通过个性化的服务和极致的产品体验，"有心姐姐"赢得了众多用户的喜爱，公司在过去的这些年间打造出无数特色爆款产品。
>
> S：请参照上面的两个爆款短视频标题提供与主题【老板亲自吃剩菜】相关的爆款标题。
>
> P：要求标题能吸引目标用户的关注，并且建立他们对我

的信任。

E：请提供 10 个回答。

以下是与主题【老板亲自吃剩菜】相关的 10 个爆款标题，旨在吸引目标用户的关注，并建立他们对"有心姐姐"的信任。

- 吃剩菜？这位餐饮大佬竟然真的亲自上阵！
- 有心姐姐的"剩菜"挑战：吃剩下的每一口！
- 老板亲自试吃剩菜，背后的原因竟然是这个！
- 吃完剩菜她说了什么？餐饮老板的真实感受曝光
- 别人不敢吃的剩菜，她却坚持亲口尝！
- "有心姐姐"试吃：剩菜背后的秘密！
- 34 年餐饮老兵的坚持：连剩菜都要亲自尝！
- 餐饮老板的另类巡台：亲自吃剩菜，太拼了！
- 从来不吃亏的她，这次却主动吃剩菜！
- 剩菜竟然也要试吃？有心姐姐的独特坚持！

这些标题使用了反差、冲突，旨在引起观众的兴趣，并加强他们对有心姐姐的信任。

这里看到 ChatGPT 给出了 10 个标题，它们看起来还是非常不错的。如果你觉得不满意，就继续优化，直到你满意为止。

A 非常棒，请进一步在 { 通过情感共鸣、对比和夸张的手法，强化"有心姐姐"的专业性和责任心，同时更吸引目标用户的关注 } 这个方向优化和调整这 10 个标题。

- "顾客都剩了，我能不尝？"——"有心姐姐"的真心话！
- "你还敢剩菜？有心姐姐来了！"
- "这道菜，连我都不舍得剩！"——"有心姐姐"亲测实录。

- "顾客的剩菜,我必须试!"——"有心姐姐"的每日必修课。
- "剩菜见人品?""有心姐姐"的亲自检验告诉你答案!
- "这盘剩菜,告诉了我餐厅的秘密"——"有心姐姐"的发现之旅。
- "我不吃剩菜,怎么知道哪里出问题!"——"有心姐姐"的真诚分享。
- "这道菜为什么剩?我一尝就知道!"——"有心姐姐"的独家揭秘。
- "剩菜里的秘密,只有'有心姐姐'知道"。
- "顾客剩了,我亲自吃!——'有心姐姐'的真实评测"。

这些标题不仅强化了"有心姐姐"的专业性和责任心,还通过情感共鸣、对比和夸张的表达方式,进一步吸引了目标用户的关注。

4. 根据标题创作爆款短视频

我们将通过用市面上的爆款短视频文案做示范,让 ChatGPT 分析爆款为何是爆款,并把爆点总结出来。你提供的高品质爆款短视频越多,ChatGPT 最后给出的内容就会更符合你的要求。

1)让 ChatGPT 拆解和学习爆款短视频

Ⓐ CR:Hi,ChatGPT,请扮演一名抖音文案创作者和学习者。技能包括熟练掌握对短视频文案的拆解和分析能力。

I:我会提供爆款需要分析的文案。

S:学习我给你提供的抖音爆款文案,详细分析该文案信息,从【用户痛点、个性化特点、情感共鸣、实用性和引发的互动】5 个方面进行详细分析。

P：请用专业的方式回答。

E：请你确认是否理解，理解之后请回复，我发给你需要分析的文案。

我已经了解你的需求，请将"有心姐姐"人设定位的相关资料发给我，我会基于这些资料为你提供符合要求的选题方向。

(A) 这是需要分析的文案。

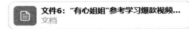

文件6："有心姐姐"参考学习爆款视频…
文档

1. 文案一分析

用户痛点如下。

文案内容聚焦顾客体验，通过剩菜情况分析菜品质量，解决顾客可能遇到的口味问题。关注顾客需求，特别是那些可能未明确表达的意见，帮助餐饮企业在顾客无反馈的情况下主动改进。

个性化特点如下。

文案展示细致入微的管理风格，通过描述亲自检查剩菜，反映出"有心姐姐"对细节的高度关注和负责的态度。这种个性化的细节检查不仅突出她的专业性，还进一步加强了品牌形象。

情感共鸣如下。

文案通过描述对剩菜的重视，体现出对每一位顾客的关怀和责任感。她希望顾客离开时的满意度能够通过细致的分析得到保障，这种情感上的共鸣能够引发观众对其人设的好感。

实用性如下。

文案中给厨师长提出的改进意见（如在顾客走时征求意见并及时反馈）具有实际操作性。这种建议能够帮助餐饮管理者提高服务质量，增加顾客满意度。

引发的互动如下。

文案中提到顾客可能没有明确表达的问题会引发观众思考：是什么原因导致菜品被剩下？观众可能会在评论区分享自己在餐厅用餐的类似经历，或对餐饮管理提出自己的看法，从而增强互动。

2. 文案二分析

用户痛点如下。

剩菜问题再次出现：再次探讨顾客剩菜的原因，意在解决餐厅运营中菜品不被完全食用的问题，提升顾客对菜品的满意度和餐厅的口碑。

个性化特点如下。

文案展示了领导者的亲力亲为，这种个性化的领导风格能够凸显她对餐饮质量的重视，也展现出她作为餐饮管理者的责任感。

情感共鸣如下。

在文案中，"有心姐姐"不仅关注剩菜，还表扬员工的进步，这种关怀和鼓励容易引发观众对其领导风格的认同和尊敬，增强情感共鸣。

实用性如下。

如及时更换盘子等，具有实际操作意义，有助于提高餐厅的服务质量和顾客体验。

> **引发的互动如下。**
>
> 文案中提到顾客剩菜的原因可能是点餐过多或其他原因，这一开放性的问题可以引发观众在评论区讨论他们在餐厅用餐时的类似经历，或提出自己的看法，增加观众的互动性。

2）创作爆款短视频

基于拆解和学习之后的内容认知，让 ChatGPT 创作爆款短视频。

> Ⓐ CR：Hi，ChatGPT，请扮演一名抖音爆款文案创作者兼电影导演。
>
> 技能如下。
>
> ● 非常理解抖音爆款短视频的底层逻辑，对爆款视频的文案有较深的理解。
>
> ● 对观众的心理有较深的理解。
>
> ● 有很强的文案写作和创作能力。
>
> I：请参考以上对爆款短视频文案的分析结果。
>
> S：创作一篇抖音爆款短视频文案，主题是【"我不吃剩菜怎么知道哪里出问题！"——"有心姐姐"的真诚分享】。
>
> P：用第一人称口语化表达、要有特色和差异化，要求 [在开头用黄金 3 秒吸引眼球，在中间穿插引起共鸣的内容点，在结尾要进行有力的总结]。
>
> E：请提供 1 个回答，并且为标题加上版本号 V1.01。
>
> ⑤ 抖音爆款短视频文案 V1.01
>
> 标题："我不吃剩菜，怎么知道哪里出问题！"——"有心姐姐"的真诚分享。

[开头 - 黄金 3 秒]

（画面切入：餐桌上的几盘剩菜，"有心姐姐"站在桌前，手拿筷子，神情认真。）

"有心姐姐"："这道菜怎么剩了这么多？我可得亲自尝尝，找找问题！"

[中间 - 引起共鸣的内容点]

（镜头特写："有心姐姐"夹起一块菜，细细品尝，眉头微皱。）

"有心姐姐"："你们看，这菜看起来还不错，但味道有点儿不对劲儿，稍微有点淡，少了点味儿。这就是为什么我一定要亲自试吃顾客的剩菜。要是我不尝，怎么知道哪里出问题呢？"

（镜头切换："有心姐姐"与厨师长在一起讨论。）

"有心姐姐"："咱们做餐饮的不仅要做出好看的菜，更要做出让顾客吃了念念不忘的味道。今天这道菜的汁儿太稀了，估计顾客觉得没什么味儿就剩下了。你看看，下次咱们再做的时候，能不能稍微调整一下，味道要浓郁一些。"

[结尾 - 有力总结]

（镜头拉远，"有心姐姐"看向镜头，语气坚定。）

"有心姐姐"："对于餐饮这一行，不是看表面，而是看内里。只有每道菜都做到精益求精，才能赢得顾客的心。所以啊，顾客的每一口剩菜，我都得试吃，不试吃，咱心里怎么踏实呢？！"

到这里，一个新的短视频文案就产生了，如果我们对此不满意，可对其进行调优和优化，直至得到我们想要的爆款短视频文案。

3）生成视频

目前，短视频已经成为人们获取信息、表达自我、分享生活的重要方式。基于短视频脚本，可以利用剪映轻松生成短视频。你无须具备过多的技术知识，只需要一步一步操作，就可以创作出精彩的短视频。这不仅可以帮助你展现个人魅力，还可以让你的品牌、你的理念、你的故事触达更多的人。

第一步，打开剪映，如图 6-1 所示。

第二步，选择"图文成片"，打开"图文成片"界面。

第三步，粘贴文案，如图 6-2 所示。

图 6-1

图 6-2

第四步，生成视频，如图 6-3 所示。

第五步，导出视频并发布视频，如图 6-4 所示。

4）借助 ChatGPT 进行数据复盘

在把作品发布到视频平台之后，并不是什么也不管就结束了，要进行数据的分析与复盘来判断和检验：

● 选题方向是否有问题？

● 这个选题是否符合我的人设设定？

● 观众喜不喜欢我的内容？

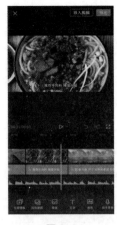

图6-3   图6-4

● 我的内容存在哪些问题？接下来该如何改进？

这些都需要我们通过观察数据和用户对视频的反馈来知晓，以此来不断改进和迭代我们的内容。

Ⓐ CR：Hi，ChatGPT，请扮演一名精通数据分析的短视频运营专家。

技能如下。

● 具有熟练的数据观察与分析能力。

● 熟悉和了解抖音及其算法和推荐机制。

● 具有通过数据写总结和提建议的能力。

I：现在短视频已经在抖音平台发布，我想通过对该视频的数据分析来指导接下来其他视频的创作。

S：请帮我分析该视频的数据，并且根据数据复盘存在哪些问题，形成报告。

P：请用正式的方式回答，并且用表格表示基本数据部分。表格要有标题＋版本号，表格的内容包括序号、数据类别

（加上评赞比和转赞比）、具体数据、备注。

E：请提供 1 个回答。

请你确认是否理解，理解之后请回复，如果有任何不清楚的问题，请随时问我，如果理解，我发给你视频数据的图片。

我已经完全理解你的需求。在你提供视频数据的图片后，我将根据这些数据进行详细分析，并为你撰写一份总结，指出存在的问题并提出改进建议。请随时将视频数据的图片发给我。

A 这是需要分析的数据截图。补充数据包括点赞数（17.6 万）、评论数（3.3 万）、收藏数（1.1 万）。

数据分析报告

短视频数据分析报告 - 版本号 V1.01（见表 6-6）

表 6-6 短视频基本数据分析表 V1.01

序号	数据		备注
1	播放量 / 万次	3014.3	观看次数
2	完播率 /%	8.98	粉丝的完播率是 28.9%；铁粉的完播率是 30.5%

续表

序号	数据		备注
3	平均播放时长 /s	27.13	粉丝的平均播放时长是 25.77s；铁粉的平均播放时长是 25.77s
4	2 秒跳出率 /%	35.03	粉丝的 2 秒跳出率是 34.8%；铁粉的 2 秒跳出率是 36.6%
5	5 秒完播率 /%	50.14	超过一半观众看完前 5s
6	点赞数 / 万	17.6	与播放量相比较低
7	评论数 / 万	3.3	评论数量相对较高
8	收藏数 / 万	1.1	收藏率相对较低
9	评赞比 /%	18.75	表明互动积极性较高
10	转赞比 /%	6.25	转发和点赞的比例较低
11	吸粉数	9500	账号吸粉的数量
12	转粉数	1900	引流私域数据，占吸粉数的 20%

数据分析与问题总结

播放量与完播率

数据分析：视频的播放量达到了 3014.3 万次，这是非常优秀的数据，表明该视频在推送时覆盖了大量用户。然而，完播率仅为 8.98%，表明大部分用户未能完整观看视频。结合 2 秒跳出率（35.03%）来看，观众的兴趣很快减弱，这可能与视频的前几秒吸引力不足有关。

问题总结：视频的前 3 ～ 5s 未有效吸引观众导致大量用户快速跳出。

平均播放时长

数据分析：平均播放时长为 27.13s，虽然视频有一定的吸引力，但尚未达到理想的完播时长。粉丝与铁粉的播放时长接近，表明忠诚用户的参与度与一般用户的参与度差不多。

问题总结：视频内容在中后段可能缺乏吸引力，未能有效留住观众。

点赞与评论互动

数据分析：点赞数为 17.6 万，与播放量相比，点赞率较低，表明视频虽然被广泛观看，但未能激发用户的点赞欲望。然而，评论数达到 3.3 万，评论率相对较高，这说明视频可能引发了一定的讨论性话题。

问题总结：视频虽然能引发讨论，但整体的互动性仍需提升，特别是在激发用户点赞和收藏方面。

收藏与分享

数据分析：收藏数为 1.1 万，相对于播放量和评论数较低表明观众可能对视频内容感兴趣，但不足以促使他们保存或分享。

问题总结：视频内容的实用性或情感共鸣点不足，未能促使观众将其保存或分享给他人。

评赞比与转赞比：评赞比达到 18.75%，表明评论互动积极性较高，但转赞比为 6.25%，说明视频的传播性较弱。

问题总结：虽然观众对视频内容有一定的讨论兴趣，但其分享欲望不足，表明内容的传播性较弱。

改进建议

优化视频开头：增强视频前 5s 的吸引力，采用更具冲击力或情感共鸣的开场白，以降低 2s 的跳出率，提升观众的完播率。

提升内容吸引力：中后段内容需更加紧凑有力，避免观众在中途失去兴趣。可以尝试增加情感共鸣点或悬念设计，增强观众的观看体验。

增强互动引导：在视频结尾或评论区引导用户进行点赞、收藏和分享，通过问题或互动话题的设置，激发观众的参与感。

提高内容实用性：增加内容的实用性或情感价值，使观众更愿意将视频收藏或分享给他人。可以考虑添加一些实际建议、技巧或深度情感表达的内容。

这份分析报告旨在帮助你识别当前视频运营中的问题并提供针对性的改进建议，以提升后续视频的表现效果。如果有任何疑问或需要进一步探讨的地方，请随时联系。

5. 让爆款发挥最大效益

从数据分析和反馈中我们可以看到，这个选题在高度符合"有心姐姐"的人设的同时也是观众喜欢看的。在知道观众会喜欢这个选题之后，我们要做的就是继续拍摄同样的选题并用不同的标题和不同的文案发布。

首先，根据爆款视频的标题构思新的标题。

Ⓐ CR: Hi, ChatGPT，你是一个爆款短视频标题专家。技能如下。

- 熟练使用标题的【夸张、对比、蹭热点】等技巧。
- 始终围绕"有心姐姐"的人设，不断强化该人设。
- 能熟练运用【反转、矛盾、反问、夸张、挖苦】等语言特点吸引读者的眼球。

I：爆款标题是"和厨师长巡台，查看顾客的剩菜"。

S：请学习和模仿上面的爆款标题帮我构思新的爆款短视频标题。

P：要求标题能吸引目标用户的关注，并且建立他们对我的信任。

E：请提供 10 个回答。

以下是基于"和厨师长巡台，查看顾客的剩菜"这一爆款标题创作的 10 个新的爆款短视频标题，旨在吸引目标用户的关注，并且建立他们对"有心姐姐"的信任。

- 和厨师长一起揭开剩菜的秘密，你敢吃吗？
- 顾客的剩菜到底怎么了？我们亲自查验！
- 厨师长也惊呆了，这道菜为何剩下这么多？
- 剩菜不容忽视，和厨师长一起找出真相！
- 餐桌上的"谜题"：顾客为何留下这么多？
- 到底哪里出了问题？带你一起查"剩菜"真相！
- 亲自巡台：剩菜是品质问题还是顾客挑剔？
- 老板亲自吃剩菜，厨师长也无语了！
- 没动几口的菜？我们来看看究竟怎么回事！
- 顾客剩下的菜，到底是味道还是摆盘的问题？

然后，让 GPT 学习和拆解已经验证过的爆款，理解它为什么爆，拆解出爆款的结构。

CR：Hi，ChatGPT，请扮演一名抖音爆款文案创作大师。技能如下。

- 能分析和拆解平台以及同行的爆款短视频文案。

● 能揭示文案背后的技巧和策略，从结构、语言风格、情感诉求等角度对文案进行深入分析。

I：我会提供爆款需要分析的爆款短视频文案。

S：基于拆解的结果，形成一个爆款短视频的结构，这个结构要用于创作同类型的短视频。

P：请用专业的方式回答。

E：请你确认是否理解，理解之后请回复，我发给你需要分析的文案。

⑨ 我已经理解你的需求，请将需要分析的文案发给我，我将根据文案进行拆解，并为你提供一个适用于创作同类型短视频的结构。

🅐 {脚本一文案

"这个包厢的客人刚走是吧？这个风生水起捞油面今天没怎么动，你给我把那个厨师长叫一下，客人走了，我们看一下这个餐台今天剩的菜，那几道菜客人打包了，没有提出什么疑义吧。这道菜肯定有问题。首先，这道菜的剩余量特别多，会不会有问题？这道菜有点清淡。你拿一双筷子，给厨师长拿一双筷子，给我也拿一双筷子，我们尝一下这个菜。看这个汁儿，我看上去它不太对。面好像没啥问题，但这汁儿好像清淡了，没什么味"。

"客人有没有说过这道菜？"

"没有。"

"你觉得有没有味？是好着呢，还是客人点多了？看上去颜色有点淡，但是味道也没有啥问题。

"没啥问题就好，每次如果客人走了以后剩余很多菜，就把厨师长叫过来一下，这样会好一点。有的时候是顾客点得多，没有怎么吃，最好客户走的时候，征求一下意见。这道菜剩得比较多，是口味不好还是什么原因？征求完意见后赶快反馈给厨师长，有的时候可能我们觉得没什么问题，但是在顾客眼里，可能某道菜会有问题。给我们提出来，我觉得也是挺好的"}

我对文案的拆解与分析

文案背景：这段文案展示了一位餐饮负责人（"有心姐姐"）在顾客离开后对剩菜进行分析的情景。通过对剩菜的质疑和分析，表达了对餐品质量的严格把控和对顾客体验的高度重视。

1. 结构分析

文案一开始便设置了一个具体的场景：顾客刚离开，餐桌上有未吃完的"风生水起捞油面"。通过这一具体情境，引出了剩菜的问题，并迅速进入主题，开始对菜品进行质疑和分析。中段内容聚焦在对菜品的具体分析上。负责人通过亲自试吃，详细分析了菜品的问题，尤其是在色、香、味三个方面的具体表现。这一部分通过具体的感官体验与分析，突出负责人对菜品的专业判断和严格标准。

文案最后总结了分析的结果，并给出了后续行动的建议，例如，建议员工在顾客走后及时征求意见，并将反馈迅速传达给厨师长。这一部分强调了餐厅在服务和品质上的持续改进态度，进一步强化了对顾客体验的重视。

2. 语言风格与情感诉求分析

语言风格如下。

- **口语化表达**：文案使用了大量的口语化表达，这使对话显得自然、亲切，拉近了与观众的距离。

- **专业但不失亲和**：文案通过亲自试吃、分析的细节，展现了负责人的专业性，同时通过询问员工意见、给予建议等方式，展现了其亲和的一面。

情感诉求如下。

- **责任感与用心**：通过对剩菜的分析，文案传递出餐饮负责人对每一道菜品质量的高度责任感，以及对顾客体验的用心呵护。这种情感诉求能够引导观众对负责人产生信任。

- **团队协作与持续改进**：文案展示了一个高效的团队协作场景，强调了餐厅在发现问题后立即采取行动的态度，给观众一种餐厅在不断改进和提升的印象。

3. 文案背后的策略与技巧

文案背后的策略与技巧如下。

- **情境带入**：通过设置一个顾客刚离开后的情境，把观众快速代入餐厅的实际运营场景，增强视频的真实感和可信度。

- **冲突与解决**：文案通过质疑剩菜的问题制造了一种小小的冲突感，随后通过专业的分析和建议给出解决方案，满足了观众对问题解决的期待。

- **强调顾客体验**：文案从头到尾始终围绕顾客体验进行展开，无论是对菜品的质疑还是建议的提出，都是为了提升顾客的满意度。这种策略有助于强化观众对餐厅的信任感。

4. 形成的爆款短视频结构

基于以上分析，以下是一个适用于创作同类型短视频的结构框架。

- **在开头，设定场景与引出问题**：在开场直接进入具体的场景，快速引出一个待解决的问题，引发观众的兴趣。

- **在中段，探讨与深入分析问题**：通过亲自参与、体验或调查的方式，对问题进行详细的探讨和分析。可以涉及感官体验、专业知识或团队协作等内容，展现主人公的专业性。

- **在结尾，提出解决方案与总结行动**：总结分析结果，并提出后续的行动建议或解决方案，强调持续改进和责任感。同时，结尾应有力，以引发观众的思考或共鸣

- **情感诉求贯穿始终**：在整个视频中，始终保持对核心情感的诉求的聚焦，确保观众在观看视频时能够产生情感共鸣，通过这种结构，可以有效地吸引观众的注意力，强化视频的感染力，并确保视频内容在观众心中留下深刻印象。

接下来，我们可以从之前基于选题让 ChatGPT 创作的 10 个标题中挑选出 1 个并创作短视频文案。

Ⓐ 好的，非常棒，接下来，请你用这个爆款结构为这个标题"当老板亲自吃剩菜时，你能感受到她的用心！"创作一篇爆款短视频文案，我们来测试一下这个结构。

爆款短视频文案

标题：当老板亲自吃剩菜时，你能感受到她的用心！

【在开头，设定场景与引出问题】

（视频画面：在一个忙碌的餐厅背景下，"有心姐姐"走向一张刚被客人离开的桌子，桌上有几道剩菜。）

【字幕】"客人刚走，这盘菜怎么剩了这么多？"

【有心姐姐】"这道菜看着还挺诱人，为什么顾客没怎么动呢？来，我们尝尝！"

【在中段，探讨与深入分析问题】

（视频画面："有心姐姐"拿起筷子，细致地试吃剩下的菜肴。）

【有心姐姐】"是味道淡了些，还是颜色不够吸引人？难道是配料的问题？这菜的汁儿看上去就不对劲。"

（视频切换到她向厨师长反馈的画面。）

【有心姐姐】"厨师长，你觉得呢？是调味的问题，还是时间掌握得不够好？不管怎么样，我们必须找出原因！"

（镜头切换到厨师长也在试吃，并点头表示同意。）

【字幕】"顾客不说，我们也不能掉以轻心。每一道菜都关乎着顾客的体验！"

【在结尾，提出解决方案与总结行动】

（视频画面："有心姐姐"与厨师长讨论，最后决定改进。）

【有心姐姐】"从今天开始，对顾客剩下的每道菜，我们都要仔细分析，找到原因才能改进！我相信，只有这样，我们才能真正做到'有心'！"

（画面定格在"有心姐姐"坚定的表情上，背景音效渐弱，配以温暖的音乐。）

【字幕】"每一口都不放过，因为我们用心！"

【有心姐姐】"我承诺，下次你再来，一定吃得满意！"

[情感诉求贯穿始终]

文案通过"有心姐姐"亲自试吃剩菜、分析原因的过程，传递出她对顾客体验的极度重视和责任感。每一步的分析和反馈都展示了她对品质的追求和对顾客的真心关怀。

我们看到 ChatGPT 给我们按照这个结构创作出来一条短视频文案，我们只需要在这个基础上完善细节。然后，基于标题和短视频脚本形成短视频，发布到抖音等短视频平台，不断看数据和反馈，不断迭代，不断放大即可。

6.4　定渠道：挑选最优市场传播渠道

在完成了核心内容的确定和整体内容的布局设计之后，品牌的整体传播渠道分析和布局就显得尤为重要了。尤其是在开始阶段，更要结合平台的算法，精心挑选 1 ～ 2 个主要渠道，进行初期测试。不要一开始就追求大而全，而要时刻思考如何用最低的成本实现品牌影响力的最大化。

6.4.1　渠道对比分析：基于数据和算法的评估

在当前数字化传播环境中，选择最优渠道是关键的一步。通过数据分析和算法模型，我们可以客观地评估各种渠道的优劣，找到最适合个人品牌传播的途径。表 6-7 展示了对主要网络传播渠道的详细分析。

表 6-7　对主要传播渠道的详细分析

序号	传播渠道	用户基础	传播机制	内容形式	适合品牌
1	抖音	年轻用户为主，日活跃用户庞大	兴趣推荐，传播广泛	短视频，创意内容	大众生活与娱乐
2	视频号	中高端用户，微信生态内	社交网络，互动性强	中短视频，生活方式	高端生活方式
3	小红书	以女性用户为主，关注生活方式	KOL 推广效果显著	图文短视频，生活分享	女性时尚与生活
4	微信公众号	广泛阅读人群，适合深度内容	精准推送，用户黏性强	图文并茂，深度内容	品牌故事与深度
5	Tiktok	全球用户，以短视频为主	全球推荐机制，国际化	短视频、挑战赛等	国际化品牌传播

6.4.2　传播渠道的整体布局设计

在深入分析这些主要传播渠道后，就要确定个人品牌的整体传播渠道布局。这一布局应涵盖官方渠道与第三方合作渠道，确保内容能够在全网范围内实现高效传播。

官方渠道布局如下。

● 主要传播平台：选择抖音和微信公众号作为品牌的核心传播渠道。抖音利用其强大的算法推荐和广泛的用户基础来迅速扩大品牌影响力；微信公众号则通过推送深度内容巩固品牌专业形象，增强用户的品牌忠诚度。

● 辅助传播渠道：利用视频号和企业官网作为辅助传播渠道，视频号可深化与微信生态的整合，官网则是品牌信息的中心枢纽，集成各类深度内容和品牌资源。

第三方合作布局如下。

● KOL 与意见领袖合作：在小红书和 B 站等平台，可选择与"有心姐姐"品牌理念契合的 KOL 合作，利用其影响力将品牌内容推向更广泛的用户群。

● 行业媒体与平台合作：与餐饮行业的媒体和垂直平台合作，推送品牌内容，增加行业内的知名度和影响力。

6.4.3 最优渠道选择和测试

在品牌传播的初期，选择最优渠道进行测试，这有助于降低风险，确保传播资源的充分利用，同时为进一步扩展传播渠道提供数据支持。

选择如下测试渠道。

● 抖音：作为主要短视频传播渠道，通过创意内容测试观众的反应和参与度，积累初期用户。

● 微信公众号：推送品牌故事和产品测评文章，测试内容的阅读量和用户互动情况，验证品牌在目标用户群中的接受度。

测试反馈与优化如下。

● 数据监测与分析：实时跟踪和分析传播效果，包括内容的观看量、点赞、评论和转发等关键指标，根据反馈，调整内容方向和传播策略。

● 逐步扩展：在初期测试取得成功后，将内容传播逐步扩展到更多的平台，如视频号、小红书和快手等，形成多渠道联动的传播矩阵。

全网扩展与持续优化如下。

● 将成功的内容策略扩展到全网范围内，确保"有心姐姐"品牌的影响力在各个渠道上得到充分发挥。同时，通过持续的优化与迭代，保持品牌在市场中的竞争优势。

● "定渠道"是"有心姐姐"在品牌传播战略中的关键步骤。通过详细的渠道对比分析、科学的传播布局设计和精确的渠道测试，我们能够确保品牌内容在全网范围内的高效传播。同时，通过持续优化传播策略，"有心姐姐"品牌将不断扩大影响力，并在市场中建立强大的品牌认同感和竞争优势。

6.5　定运营：打通个人品牌变现闭环

个人品牌变现闭环的跑通是其可持续发展的核心环节。在完成了前 4 步后，"有心姐姐"品牌通过抖音平台成功传播了基于人设创作的内容，积累了一定的公域流量。第 5 步的核心任务是将这些公域流量导入私域流量池，并通过"6+1"模式进行发售和闭环测试，进而进行数据复盘，归纳出最小可行性战略，组建团队，最终实现科学放大。

6.5.1　把公域流量导入私域并形成流量池

首先，我们需要将通过抖音等公域平台获取的流量引流至私域，建立一个能够持续触达及运营的流量池，并通过"6+1"模式进行最小可行产品（Minimum Variable Product，MVP）销售闭环模型测试。

1. 引流私域并建立流量池

在这一阶段，我们可通过在抖音、视频号、小红书等公域平台创作带有引流主张的短视频内容，以及在直播销售中植入引流产品，或者在评论互动中植入引流主张，把用户引流到私域流量池。例如，在公众号、企业微信、个人微信、微信群等自有流量池中，对用户做分类管理，用基于品牌人设的价值内容来提升用户的黏性。

2. 构建"6+1"模式的 MVP 销售闭环模型

随着第一个流量的进入以及流量池的逐步扩大，就应该快速完成销售闭环的测试，验证从内容创作到内容传播和销售转化的整个闭环流程，并为后续优化提供数据支持。为了使大家更容易理解"6+1"模式的 MVP 销售闭环模型，在这里提供一个方案。

🅐 CR：Hi，ChatGPT，请扮演一位顶级品牌文案策划专家，专门帮助"有心姐姐"打造中秋节"家庭团圆套餐"的预售活动，确保活动文案能够有效传递品牌价值并促成销售。

I："有心姐姐"计划在中秋节期间，发起一场以家庭团圆为主题的"到家套餐"预售活动，为了体现出她的用心，每一道食材都是她亲自到源头基地去采购的，在这个过程中遇到了很多的困难和有趣的事情，希望用6天预热、1天成交的"6+1"模式来完成这场活动。需要基于"有心姐姐"的人设和活动要求，设计每天的文案，确保能够从用户的角度突出套餐的独特性与差异化，最终促成预售成交。

S：请把活动策划思路及所有文案设计出来。

P：请确保文案风格贴合"有心姐姐"的品牌形象，语言亲切，用更多细节刻画人设，同时具有专业性和可信度。每一条文案应当逻辑清晰、层次分明，并具有强大的吸引力和转化能力。

E：完成任务，生成一套完整的文案方案，包括第1～6天的预热文案和第7天的成交文案，确保文案能够成功应用于中秋节"家庭团圆套餐"的预售活动中，并实现预期的销售目标。

🕲 **中秋节家庭团圆套餐预售活动策划思路及文案设计 V1.01**

活动策划思路

活动背景

中秋节是中国传统的家庭团圆节日，围绕"团圆"这一核心主题，有心姐姐希望通过打造一款特别的家庭团圆套餐，为家庭提供温暖的节日体验。为了让用户感受到这份套餐的独特性与用心，活动采用了"6天预热+1天成交"的"6+1"模式。

活动目标

通过讲述"有心姐姐"亲自采购和制作团圆套餐的故事，传递品牌的用心与诚意。

通过"6+1"模式，逐步提升用户对活动的关注度和购买意愿，最终促成销售。

加强用户对品牌的信任和情感连接，建立长期的品牌忠诚度。

目标用户

注重家庭氛围、喜欢高品质生活、有一定消费能力的中产阶层家庭。

第 1～6 天预热文案设计

第 1 天：活动初心——情感连接。

文案 1： "中秋节到了，这是一个与家人团聚的时刻。"有心姐姐"想为每个家庭送上一份温暖的团圆，让这一顿饭成为你们记忆中最温馨的一餐。"

配图： "有心姐姐"微笑着准备食材的场景，背景是一张温馨的家庭餐桌。

文案 2： "每道菜品背后，都是一颗真诚的心。让我们一同为家人准备一桌温馨的团圆宴吧。"

配图： 有心姐姐与家人在厨房一起烹饪的画面，充满家庭氛围。

文案 3："中秋佳节，团圆时刻。'有心姐姐'用心准备，只为每个家庭的团聚时刻更加温暖和谐。"

配图：月亮映衬下的一家人围坐在餐桌前的场景。

第 2 天：食材来源——品质承诺。

文案 1："'有心姐姐'亲自走访了多个产地，只为选择最适合的食材，将自然的美味带到您的餐桌上。"

配图："有心姐姐"在田间挑选新鲜蔬菜的照片。

文案 2："从田间到餐桌，每一道食材都经过精心挑选，确保天然、健康与美味。"

配图：新鲜蔬菜和水果的特写镜头，"有心姐姐"在一旁仔细检查。

文案 3："'有心姐姐'坚信，只有最好的食材，才能成就最温暖的团圆宴。"

配图："有心姐姐"与农户交流，背景是丰收的农田。

第 3 天：制作过程——匠心独运。

文案 1："每道菜品都是'有心姐姐'亲手精心制作的，秉持 34 年餐饮经验，打造家的味道。"

配图："有心姐姐"在厨房专注地制作菜肴的画面。

文案 2："不论是煲汤的火候，还是炒菜的调味，'有心姐姐'都严格把控，只为一口家的味道。"

配图：汤锅中沸腾的画面，旁边放着精心调配的调料。

文案 3："每一锅汤、每一道菜，都注入了'有心姐姐'的匠心与爱心，传递最温暖的家庭滋味。"

配图：一桌色香味俱全的团圆套餐摆在餐桌上，充满诱惑力。

第 4 天：团队实力——专业保障。

文案 1："'有心姐姐'的团队汇聚了经验丰富的厨师与营养师，确保每一餐都健康与美味。"

配图：团队成员在厨房中紧密合作的场景。

文案 2："从食材采购到菜肴制作，每一个环节都有专业团队把控，确保最高品质。"

配图：团队成员认真工作的特写镜头。

文案 3："'有心姐姐'的专业团队，用心保障每一个家庭的团圆餐桌。"

配图："有心姐姐"与团队成员一起庆祝成功的瞬间。

第 5 天：客户见证——真实反馈。

文案 1："有心姐姐"的团圆套餐不仅味道好，还让全家人吃得安心。——老客户张女士的中秋分享

配图：张女士一家人在中秋团圆宴上欢笑的照片。

文案 2：这是我们家中秋的首选！孩子们都说好吃，"有心姐姐"真的很用心。——李先生一家

配图：李先生和孩子们在享受团圆宴的场景。

文案 3："有心姐姐"的中秋套餐，让我们感受到了家的温暖。——王阿姨的真心话

配图：王阿姨和家人围坐在一起享受团圆饭的画面。

第 6 天：产品特性——独特差异。

文案 1："精选天然食材，匠心制作，'有心姐姐'的团圆套餐不仅提供美食，还传递爱与温暖。"

配图：盘子里精致的中秋团圆菜品特写。

文案 2："每道菜都有独特的风味，满足全家人的味蕾，

让这个中秋变得更加难忘。"

配图：家庭成员在享用中秋大餐时的幸福瞬间。

文案3："与众不同的中秋套餐，承载了'有心姐姐'的心意，给你不一样的团圆体验。"

配图："有心姐姐"亲手摆盘，精心布置的中秋团圆桌。

第7天：成交文案设计

文案："中秋佳节，团圆时刻，'有心姐姐'为您准备了一份特别的团圆套餐。限时特惠，仅需￥××，今日下单立享九折优惠，让家的味道温暖你的心！手慢无，快来享受这一份独特的中秋味道吧！"

配图：一家人围坐在餐桌前，其乐融融地享受团圆宴的场景，温馨又幸福。

总结与预期结果：通过"6+1"模式的精心策划与执行，"有心姐姐"不仅能够成功传递品牌的温暖与专业形象，还能有效地将用户对品牌的信任转化为购买行为，实现中秋团圆套餐的预售目标。同时，这一系列的内容策划将进一步加强用户对品牌的认知和情感连接，为未来的品牌发展奠定基础。

6.5.2 数据复盘

　　数据复盘是"6+1"模式完成后的关键环节，它为优化品牌策略提供了科学的指导。通过对公域、私域和线下体验店的全面复盘，我们可以精准定位每个环节的表现，找出改进的机会。

1. 公域数据复盘

公域数据复盘核心如下。

- 内容方向测试：高质量的内容是其他工作的基础，所以在数据复盘阶段，要对内容部分进行重点关注。在前面提到的"千万爆款案例"中，通过详细的内容分析和数据复盘，给出了非常明确的内容优化方向，从而缩短了内容创作的探索时间。

- 曝光与点击率：评估活动在抖音上的曝光量和点击率及互动率，判断用户对活动的兴趣程度。

- 引流转化率：分析从公域到私域的导流效率和质量，测量引流效果和用户转化率，这是在公域最终需要达成的核心目标。

2. 私域数据复盘

在私域运营中，重点复盘以下数据。

- 用户互动：分析微信朋友圈和微信群的互动情况，关注用户的参与度和反馈，特别是点赞、评论、分享的活跃度。

- 销售转化：复盘最终的销售数据，包括成交人数、成交金额和平均客单价，评估客流质量，评估私域内的转化率和销售效果。

3. 线下体验店数据复盘

对于已经延伸到线下体验店的品牌，需要复盘以下内容。

- 顾客流量：分析活动期间线下体验店的顾客到店率，观察客流变化，并使客流留存到私域流量池。

- 顾客反馈：收集线下顾客的体验反馈，了解他们对产品和服务的满意度从而进行优化和调整相关环境，提升体验感。

- 线下销售：复盘线下的实际销售数据，并与线上数据对比，综合评估活动的整体效果。

通过对公域、私域和线下体验场景地域数据的全方位复盘，我们能够全面掌握活动的成效，为未来的策略优化提供坚实依据。

6.5.3 团队搭建

在资源有限的情况下，实现品牌的低沉、快速启动和持续放大，科学地搭建一个最小团队至关重要。这个团队应涵盖品牌变现的核心环节，并确保每一步都能高效运作。

在第一步，我们确定了品牌的变现模式。这一模式决定了团队需要具备的核心能力。例如，如果品牌的主要变现方式是线上内容销售，那么团队应侧重于内容创作、数据分析和线上推广。在这一阶段，团队的核心目标是尽快验证变现模式的可行性，并实现初步的营收增长。

第二步，我们为个人品牌确定了独特的人设定位。这一定位决定了品牌的核心价值主张与市场差异化优势。为此，团队必须包括一位品牌策划或人设设计专家，他们的任务是确保品牌的每一次曝光都与人设相匹配，增强品牌的辨识度与忠诚度。

第三步的重点是内容创作与传播，这也是个人品牌运营的核心部分。内容创作者需要根据品牌的人设和目标受众，输出高质量的内容，并通过合适的渠道（如抖音、视频号、微信公众号等）进行传播。因此，团队中必须配置一名具备深厚创作能力的内容创作者和一名懂得新媒体运营的传播专家，以确保品牌的内容能够有效触达目标用户。

在第四步，我们选择了适合品牌传播的渠道，如抖音等社交媒体平台。在这一阶段，团队需要一个对各类渠道有深刻理解的渠道运营专员，负责将内容精准投放到各个渠道，监测并优化投放效果。这个角色的目标是最大化内容的传播效率和用户转化率。

第五步，团队的任务是通过私域运营模型（如"6+1"发售模式），将公域流量转化为私域用户，并实现变现。在这一阶段，团队需要配置一名私域运营专员，他们的职责是管理私域流量池，设计并执行变现策略，并通过数据复盘持续优化私域运营的效果。

在所有环节运作的同时，需要有一个综合管理角色，他通常是制片人、品牌创始人或总负责人。他们的任务是统筹全局，确保各个环节的无缝衔接，并根据市场反馈及时调整策略。这个角色需要具备战略眼光和协调能力，能够在团队中起到中枢作用，推动品牌的整体发展。

最小团队构成示例如下。

- 品牌策划／人设设计专家：负责品牌定位、人设打造和品牌策略的制定。

- 内容创作者／文案-拍摄-剪辑：负责高质量内容的创作，确保内容与品牌定位一致。

- 新媒体传播专家：负责内容的传播和渠道运营，优化内容投放效果。

- 私域运营专员：管理私域流量池，执行变现策略，并通过数据分析进行优化。

- 制片人／综合管理者／品牌负责人：统筹团队工作，协调各个环节，确保品牌策略的有效执行。

这个最小团队既精简又高效，能够在资源有限的情况下，支撑个人品牌的快速启动、运营与扩展。当整个运营链路的 MVP 销售闭环模型测试验证成功后，可以逐步扩展团队规模，增加专业岗位，以适应品牌进一步放大和多元化发展的需要。

本章系统地探讨了如何利用 ChatGPT 构建和发展个人品牌。从明确变现模式、人设定位、内容创作、渠道选择，再到私域运营与数据复盘，本章逐步揭示了每个环节中的关键策略与实操方法。通过精心打造的最小团队和系统化的运营流程，本章展示了如何以最低的成本快速实现品牌的启动，并通过持续优化与放大，最终在市场中占据一席之地。

无论你是一名创业者，还是正在探索个人品牌的专业人士，又或是正计划打造个人品牌的管理人士，都希望本章能为你的品牌建设之路提供指导。